できる よくばり入門

\ 実務も資格もぜんぶやりたい！／

# Excel
## よくばり入門

ゼロからパソコン
上野景子 著

MOSの
事前学習
にも最適！

Excel 2024/
2021 &
Microsoft 365
対応

インプレス

## 本書について

### ご利用の前に必ずお読みください

▶ 本書は、2025年3月時点の情報をもとに、Microsoft Excel 2024(2021)、Microsoft 365のExcelの、Windows 11における操作方法について解説しています。本書の発行後に各ソフトウェアの機能や操作方法、画面などが変更された場合、本書の掲載内容通りに操作できなくなる可能性があります。本書発行後の情報については、弊社のWebページ (https://book.impress.co.jp/) などで可能な限りお知らせいたしますが、すべての情報の即時掲載および確実な解決をお約束することはできかねます。また本書の運用により生じる、直接的、または間接的な損害について、著者および弊社では一切の責任を負いかねます。あらかじめご理解、ご了承ください。

▶ 本書の内容に関するご質問については、該当するページや質問の内容をインプレスブックスのお問い合わせフォームより入力してください。電話やFAXなどのご質問には対応しておりません。なお、インプレスブックス (https://book.impress.co.jp/) では、本書を含めインプレスの出版物に関するサポート情報などを提供しております。そちらもご覧ください。

▶ 本書発行後に仕様が変更されたハードウェア、ソフトウェア、サービスの内容などに関するご質問にはお答えできない場合があります。該当書籍の奥付に記載されている初版発行日から3年が経過した場合、もしくは該当書籍で紹介している製品やサービスについて提供会社によるサポートが終了した場合は、ご質問にお答えしかねる場合があります。また、以下のご質問にはお答えできませんのでご了承ください。
- 書籍に掲載している手順以外のご質問
- ハードウェア、ソフトウェア、サービス自体の不具合に関するご質問

### ● 用語の使い方

本文中では、Microsoft Excel 2024(2021)、Microsoft 365のExcelのことを「Excel」と表記しています。また、本文中で使用している用語は、基本的に実際の画面に表示される名称に則しています。

### ● 本書の前提

本書では、「Windows 11」に「Microsoft Excel 2024」がインストールされているパソコンで、インターネットに常時接続されている環境を前提に画面を再現しています。そのほかの環境の場合、一部画面や操作が異なることがあります。

「できる」「できるシリーズ」は、株式会社インプレスの登録商標です。
Microsoft、Windows 11、Excelは、米国Microsoft Corporationの米国およびそのほかの国における登録商標または商標です。
その他、本書に記載されている会社名、製品名、サービス名は、一般に各開発メーカーおよびサービス提供元の登録商標または商標です。
なお、本文中には™および®マークは明記していません。

本書の内容はすべて、著作権法によって保護されています。著者および発行者の許可を得ず、転載、複写、複製等の利用はできません。

# はじめに

「今日学んだ知識が、未来の自分を助けてくれる」
「パソコンスキルを身につけると、人生が豊かになる」
これが、私がYouTube「ゼロからパソコン」でたくさんの方にむけて発信している理由です。

おおげさではなく、パソコンを「便利に」「効率よく」「楽しく」使えるようになると、作りたいものを思った通りに形にできることで生活が豊かになったり、仕事や作業を早く終わらせて自分の好きなことに時間を使えたり、メリットがたくさんあるからです。

でも、便利な方法を知っていれば「数秒」で終わる作業が、知らないと「数分〜数時間」かかるうえに、手間がかかるほどミスも増えてしまう……
そこには、実は便利な方法があることを知っているか知らないか、その差があるだけです。少しの時間をかけて便利な方法を知るだけで、その後の大幅な「労力」や「時間」を減らせて、自分の思い通りの資料が作れるなんて、とても魅力があると思いませんか。

Excelの解説書を作るにあたり、基本からしっかり学べて、さらに実務で便利に使えるワザや操作を厳選してとことんわかりやすく解説しました。はじめてExcelに挑戦する方はもちろん、これまで自己流でやってきた方にも、新しい発見や、仕事をもっと効率よくできる便利なワザや機能に出会っていただけると思います。知っている機能のレッスンにも、ぜひ一通り目を通していただけるとうれしいです。

これまでさまざまな業種の事務職を経験してきた中で、同僚たちの「困った」の声に応えてExcelファイルを便利に使えるように改善したり、誰が読んでもわかるように操作マニュアルを作ったり……を繰り返すうちに、業務でよく起こるつまずきポイントや求められるスキルが見えてきました。また、パソコン講師として小学生から年配の方までさまざまな年代の方に指導をさせていただいた経験から、皆さんが難しいと感じるポイントや、できるだけわかりやすくお伝えする大切さを学びました。

本書を通して、皆さんにもExcelが「わかる・できる・楽しい」を感じていただけたら幸いです。そしてこれからも、パソコンを学びたい、楽しみたい、仕事の質をアップさせつつ業務の負担は減らしたい、そのような方の人生を豊かにするお手伝いができたらうれしいです！

2025年春　上野景子

# CONTENTS

はじめに ……………………………………………………………………… 003
本書の読み方 ………………………………………………………………… 010
練習用ファイルについて …………………………………………………… 012

## CHAPTER 1
## Excelでできることと基本操作を知ろう …………………………… 013

**LESSON 1** #表計算ソフト
Excelはこんなソフト ……………………………………………………… 014

**LESSON 2** #MOS　#起動　#終了　#スタート画面　#ピン留め　#オプション　#新規ファイル
Excelを起動／終了する …………………………………………………… 016

**LESSON 3** #MOS　#ブック　#ファイル　#スタート画面
Excelのブックを開く／閉じる …………………………………………… 020

**LESSON 4** #MOS　#クイックアクセスツールバー　#リボン　#タブ　#名前ボックス　#数式バー
Excelの画面構成を知ろう ………………………………………………… 026

**LESSON 5** #MOS　#リボン　#タブ
Excelの機能が集約！ リボンの使い方をマスター ……………………… 028

**LESSON 6** #MOS　#拡大・縮小　#スクロール
画面を移動したり、拡大・縮小したりする ……………………………… 031

**LESSON 7** #MOS　#マウスポインター　#カーソル　#クリック　#ドラッグ
マウスポインターの種類と役割を知ろう ………………………………… 034

## CHAPTER 2
## 簡単な表を作ってみよう ………………………………………………… 035

**LESSON 1** #MOS　#Excel作業の基本の流れ　#入力　#数式　#書式　#印刷
表作成の上手な手順 ………………………………………………………… 036

**LESSON 2** #MOS　#名前を付けて保存　#上書き保存
ファイルを保存する ………………………………………………………… 038

**LESSON 3** #MOS　#入力モード　#文字列　#日付　#数値　#セルの移動　#編集
データを入力する …………………………………………………………… 042

**LESSON 4** #MOS　#数式　#演算子　#合計　#SUM
数式を入力する ……………………………………………………………… 048

**LESSON 5** #MOS　#太字　#文字サイズ　#セルの色　#文字の揃え　#桁区切り　#通貨形式　#罫線
表の見た目を整えよう ……………………………………………………… 052

**LESSON 6** #MOS　#印刷　#印刷プレビュー
印刷をしよう ………………………………………………………………… 057

# Chapter 3
## データをいろいろな形式で表示しよう ……… 059

- **Lesson 1** #MOS #表示形式 #日付 #数値 #通貨 #%
  表示形式を知る ……… 060
- **Lesson 2** #MOS #日付 #時刻 #西暦 #和暦 #シリアル値 #ユーザー定義
  日付と時刻の表示形式 ……… 061
- **Lesson 3** #MOS #3桁区切りカンマ #通貨表示形式 #パーセントスタイル #小数点表示桁上げ／桁下げ
  数値の表示形式 ……… 068
- ● コラム　パソコン上達の近道 ……… 074

# Chapter 4
## データの入力と編集方法を覚えよう ……… 075

- **Lesson 1** #MOS #セルの移動 #選択範囲 #複数セルの選択 #行・列の選択 #表全体の選択
  スムーズな入力と選択方法を知る ……… 076
- **Lesson 2** #MOS #オートフィル #フィルハンドル #オートフィルオプション
  連続入力をしよう ……… 083
- **Lesson 3** #MOS #コピー #切り取り #貼り付け #クリップボード
  データの移動・コピー・貼り付け ……… 090
- **Lesson 4** #MOS #形式を選択して貼り付け #値の貼り付け #書式の貼り付け #行列の入れ替え
  便利なコピー＆貼り付けを活用しよう ……… 094
- **Lesson 5** #フラッシュフィル #分割 #抜き出し #結合
  データを分割・結合する ……… 099
- **Lesson 6** #プルダウンリスト #データの入力規則
  決まった項目を選択肢から選ぶ ……… 104
- **Lesson 7** #MOS #挿入 #追加 #削除 #挿入オプション
  行・列・セルの追加と削除 ……… 114
- ● 練習問題 ……… 118

# Chapter 5
## 表の見た目を整えよう ……… 119

- **Lesson 1** #MOS #書体 #文字サイズ #太字 #斜体 #下線 #塗りつぶしの色 #文字の色 #配置
  基本の書式を知る ……… 120
- **Lesson 2** #MOS #セルを結合して中央揃え #選択範囲内で中央
  セルを結合する ……… 125
- **Lesson 3** #MOS #文字の折り返し #セル内の改行 #縦書き #文字の縮小 #ふりがな
  文字の表示をもっと自在に ……… 128

| Lesson 4 | #MOS　#列の幅　#行の高さ　#行列の非表示／再表示 | |
|---|---|---|
| | 列の幅や行の高さの変更＆行列の非表示 | 135 |
| Lesson 5 | #MOS　#罫線 | |
| | 表にさまざまな罫線を引く | 140 |
| ● 練習問題 | | 144 |

# Chapter 6
## 数式と関数のしくみを知ろう … 145

| Lesson 1 | #MOS　#セル番号　#セル範囲　#数式　#計算 | |
|---|---|---|
| | セル参照を知ろう | 146 |
| Lesson 2 | #シート　#串刺し計算 | |
| | シート間でセル参照や計算をする | 148 |
| Lesson 3 | #MOS　#相対参照　#絶対参照 | |
| | セル参照を使いこなそう | 152 |
| Lesson 4 | #MOS　#関数の書式　#引数 | |
| | 関数について知ろう | 155 |
| Lesson 5 | #MOS　#関数の挿入　#関数の引数 | |
| | 関数の入力方法を知ろう | 156 |
| Lesson 6 | #MOS　#引数の範囲　#[関数の引数]ダイアログボックス | |
| | 関数の修正方法を知ろう | 160 |
| ● 練習問題 | | 162 |

# Chapter 7
## 簡単な関数を使った計算をしてみよう … 163

| Lesson 1 | #MOS　#SUM　#オートSUM　#合計 | |
|---|---|---|
| | 合計を求める | 164 |
| Lesson 2 | #MOS　#AVERAGE　#オートSUM　#平均 | |
| | 平均値を求める | 166 |
| Lesson 3 | #MOS　#MAX　#オートSUM　#最大値 | |
| | 最大値を求める | 168 |
| Lesson 4 | #MOS　#MIN　#オートSUM　#最小値 | |
| | 最小値を求める | 170 |
| Lesson 5 | #MOS　#COUNT　#オートSUM　#数値の個数 | |
| | 数値データの個数を求める | 172 |
| ● 練習問題 | | 174 |

# CHAPTER 8
## 関数で作業を効率アップしよう ……………………………… 175

**LESSON 1** #MOS #IF #条件分岐 #論理式
条件に合うか判定して、結果を表示する ……………………… 176

**LESSON 2** #IF #ネスト
IF関数の条件を複数にする ………………………………… 180

**LESSON 3** #AND #OR
「AかつB」「AまたはB」の条件を作るAND関数とOR関数 ……… 183

**LESSON 4** #VLOOKUP #検索
商品コードに対応する商品名や価格を表示する ……………… 190

**LESSON 5** #VLOOKUP #IF #エラー表示
空欄のエラーを非表示にする ……………………………… 194

**LESSON 6** #PHONETIC #ふりがな
ふりがなをほかのセルに抜き出す ………………………… 196

**LESSON 7** #MOS #COUNTA #データが入力されたセルの個数
データが入力されたセルを数える ………………………… 199

**LESSON 8** #MOS #COUNTBLANK #空白セルの数
空白セルの数を数える …………………………………… 201

**LESSON 9** #COUNTIF
条件に当てはまるセルを数える …………………………… 203

# CHAPTER 9
## データを便利に分析・活用しよう ………………………… 205

**LESSON 1** #MOS #並べ替え #昇順 #降順
データを並べ替える ……………………………………… 206

**LESSON 2** #MOS #フィルター
データを抽出する ………………………………………… 212

**LESSON 3** #MOS #検索と置換
データを検索＆置き換える ………………………………… 218

**LESSON 4** #MOS #条件付き書式 #カラースケール #アイコンセット #セルの強調ルール
条件に一致したデータに色を付ける ……………………… 222

**LESSON 5** #MOS #テーブル #テーブルデザイン #テーブルスタイル #範囲に変換 #集計行
「テーブル」で表を便利に扱いやすくする ………………… 230

**LESSON 6** #MOS #テーブル #集計行
テーブルに「集計行」を追加する …………………………… 236

**LESSON 7** #MOS #テーブル #セル参照 #VLOOKUP #プルダウンリスト #構造化参照
数式でテーブルのセルを参照する ………………………… 238

● 練習問題 ………………………………………………… 242

# Chapter 10
## ひと目でわかるグラフを作ろう ... 243

- **Lesson 1** #MOS #棒グラフ #折れ線グラフ #円グラフ #グラフ要素
  グラフの種類と作成手順 ... 244
- **Lesson 2** #MOS #グラフの挿入 #グラフの移動 #グラフのサイズ変更 #グラフタイトル #グラフの印刷 #区分線
  棒グラフを作る ... 246
- **Lesson 3** #MOS #グラフの修正 #グラフフィルター
  グラフの修正＆グラフフィルターを使う ... 252
- **Lesson 4** #MOS #軸ラベル #目盛 #凡例
  グラフの要素を追加＆編集する ... 256
- **Lesson 5** #MOS #グラフのデザイン #グラフスタイル #グラフの配色
  グラフの見た目を整える ... 261
- **Lesson 6** #MOS #折れ線グラフ #マーカー付き折れ線グラフ #データ系列の書式設定 #組み合わせグラフ
  折れ線グラフを作る ... 264
- **Lesson 7** #MOS #円グラフ #大きい順 #データ範囲の修正
  円グラフを作る ... 268
- ● 練習問題 ... 272

# Chapter 11
## シートやブックを活用しよう ... 273

- **Lesson 1** #MOS #ファイル #ブック #シート
  シートとブックについて知る ... 274
- **Lesson 2** #MOS #シート名 #シート見出し
  シート名と見出しの色を変える ... 275
- **Lesson 3** #MOS #シートの追加 #シートの削除 #シートの非表示 #シートの選択
  シートの追加と削除 ... 277
- **Lesson 4** #MOS #シートの移動 #シートのコピー
  シートの移動とコピー ... 280
- **Lesson 5** #MOS #串刺し計算 #一括入力
  シートの複数選択と編集・計算 ... 283
- **Lesson 6** #MOS #ウィンドウ枠の固定 #先頭行の固定 #先頭列の固定
  表の見出しを常に表示する ... 287
- **Lesson 7** #MOS #新しいウィンドウを開く #ウィンドウの整列
  同じブックのシートを並べて見比べる ... 289
- **Lesson 8** #シートの保護 #ブックの保護
  シートやブックを保護する ... 291

# CHAPTER 12
## 思い通りに印刷しよう ... 295

- **LESSON 1**  #MOS  #印刷設定  #ページレイアウト  #ページ設定
  印刷の設定でできること ... 296
- **LESSON 2**  #MOS  #用紙の向き  #用紙サイズ
  用紙のサイズや向きを変える ... 298
- **LESSON 3**  #MOS  #印刷範囲  #選択した部分を印刷
  選択した範囲だけ印刷する ... 300
- **LESSON 4**  #MOS  #余白の表示  #拡大・縮小
  印刷範囲を用紙1枚に収める ... 302
- **LESSON 5**  #MOS  #改ページプレビュー
  ページの区切りを調整する ... 306
- **LESSON 6**  #MOS  #見出し行の固定  #タイトル行
  表の見出しをすべてのページに印刷する ... 309
- **LESSON 7**  #MOS  #ヘッダー  #フッター
  ページ番号やタイトルを印刷する ... 311

Excel必須ショートカットキー ... 315
索引 ... 317
著者プロフィール ... 319

## EXTRA LESSON (PDF)
※ダウンロード特典の追加レッスンPDFの内容です（12ページもご参照ください）。

- **LESSON 1**  #######  #DIV/0!  #N/A  #VALUE!  #REF!  #NAME?  #NUM!  #NULL!
  エラーの意味と対処方法
- **LESSON 2**  #MOS  #数式の表示  #ジャンプ  #選択オプション
  数式や関数を間違えて消さないために
- **LESSON 3**  #MOS  #スパークライン  #折れ線  #縦棒
  セルの中にミニグラフを表示する
- **LESSON 4**  #ピボットテーブル  #集計  #データ分析
  ピボットテーブルでデータを便利に集計＆分析する
- **LESSON 5**  #フィルター  #並べ替え  #スライサー
  ピボットテーブルのデータを抽出したり並べ替えたりする
- **LESSON 6**  #ピボットグラフ
  ピボットテーブルのデータをグラフにする

# 本書の読み方

**LESSONタイトル**
このLESSONの目的が
わかります。

**ハッシュタグ**
このLESSONで学ぶ
内容やキーワードです。
MOSの出題範囲に関連す
る項目には「#MOS」とい
うハッシュタグを入れて
あります。

**知りたい**
具体的な操作に入る前に
知っておきたい知識や情
報を紹介。LESSON内容が
より深く理解できるよう
になります。

**動画解説**
二次元バーコード、またはURLから
アクセスすると、このLESSONの解
説動画を閲覧できます。

CHAPTER 4
LESSON 4

＼ほしい情報だけコピーできる！／
## 便利なコピー＆貼り付けを活用しよう

#MOS　#形式を選択して貼り付け　#値の貼り付け　#書式の貼り付け　#行列の入れ替え

通常のコピーはセルの書式や数式などすべてのデータを含みますが、「計算結果の値だけ」「色や罫線など書式だけ」「列幅だけ」といったように、ほしい情報だけ選んでコピー＆貼り付けできます。

https://dekiru.net/
ykex24_404

### 知りたい！
### コピー＆貼り付けの使いこなし

**計算結果（値）だけコピーしたい！**

通常のコピー＆貼り付けの場合

| | A | B | C | D |
|---|---|---|---|---|
| 1 | 内容 | 数量 | 単価 | 金額 |
| 2 | 日替わり | 180 | 800 | ¥144,000 |
| 3 | コピー＆貼り付け | | | |
| 4 | | | | ¥0 |

数式が入力されたセルをコピーして貼り付けると、セル参照がずれてしまいます。また、元のセルに設定された書式もそのままコピーされます。

「値」のコピー＆貼り付けの場合

| | A | B | C | D |
|---|---|---|---|---|
| 1 | 内容 | 数量 | 単価 | 金額 |
| 2 | 日替わり | 180 | 800 | ¥144,000 |
| 3 | コピー＆貼り付け | | | |
| 4 | | | | 144000 |

数式が入力されていたり書式が設定されていたりしても、計算結果の値だけをコピーできます。

**書式だけコピーしたい！**

上の表の書式を下の表にも適用

| | A | B | C | D |
|---|---|---|---|---|
| 1 | 内容 | 数量 | 単価 | 金額 |
| 2 | 日替わり | 180 | 800 | ¥144,000 |
| 3 | | | | |
| 4 | 内容 | 数量 | 単価 | 金額 |
| 5 | カレー | 150 | 600 | 90000 |

→

データはそのままで書式だけ貼り付けできた

| | A | B | C | D |
|---|---|---|---|---|
| 1 | 内容 | 数量 | 単価 | 金額 |
| 2 | 日替わり | 180 | 800 | ¥144,000 |
| 3 | | | | |
| 4 | 内容 | 数量 | 単価 | 金額 |
| 5 | カレー | 150 | 600 | ¥90,000 |

たとえば既存の表のデザインやデータの表示形式などの書式だけをほかの表にも適用したい場合は、書式だけコピー＆貼り付けすることができます。

**表の行と列を入れ替えてコピーしたい！**

| | A | B | C | D |
|---|---|---|---|---|
| 1 | 内容 | 数量 | 単価 | 金額 |
| 2 | 日替わり | 180 | 800 | ¥144,000 |
| 3 | カレー | 150 | 600 | ¥90,000 |
| 4 | | | | |
| 5 | 内容 | 日替わり | カレー | |
| 6 | 数量 | 180 | 150 | |
| 7 | 単価 | 800 | 600 | |
| 8 | 金額 | ¥144,000 | ¥90,000 | |

コピー＆貼り付け

作成済みの表の行と列を入れ替えたい場合も、コピー＆貼り付けの機能を使うと1クリックでできます。

積極的にコピー＆貼り付けを活用することで、一から作業するよりも簡単で時短になるよ！

＼このレッスンではほかにもこんなことが学べます／
・列幅を変えずに表をコピー→96ページ
・列幅だけをコピー→97ページ

094

**コメント**
ワンポイントアドバイスや
豆知識などをコメントしています。

010

冒頭で、そのLESSONで学ぶことやねらいを説明し、ステップバイステップで操作手順を学べる構成です。
ここに掲載した以外にも、「実務で役立つ便利技」や「練習問題」、「関連動画」コーナーもあります。

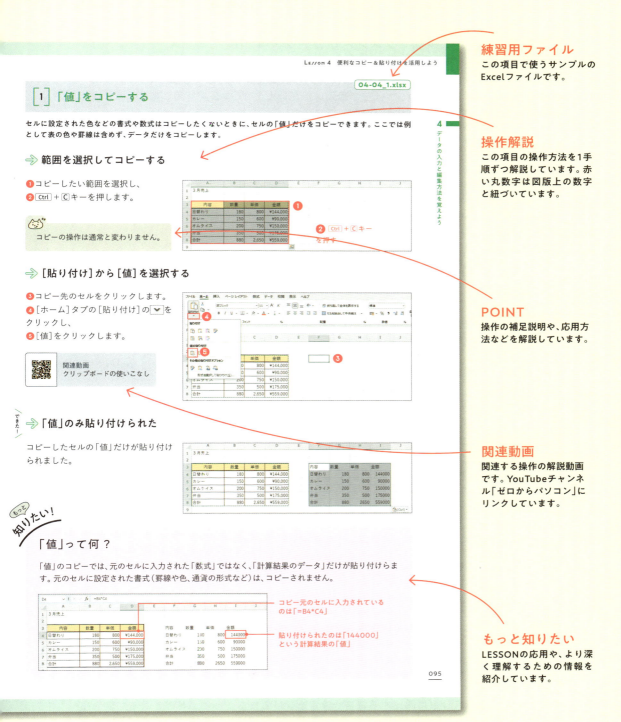

※掲載しているページはイメージです。

# 本書の特典について

### ● 練習用ファイルと追加レッスンPDFのダウンロード

本書で使用する練習用ファイルと追加レッスンPDFは、以下のURLよりダウンロードできます。なお、ダウンロードにはCLUB Impressへの会員登録（無料）が必要です。
練習用ファイルおよび特典は、本書をご購入いただいた方が、本書を利用してExcelの操作を学習する目的を前提に提供および公開しています。

https://book.impress.co.jp/books/1124101087

・ダウンロードしたファイルは、[ダウンロード]フォルダに保存されます。
・ダウンロードしたzipファイルを右クリック→[すべて展開]をクリックして、展開先を選択して[展開]ボタンをクリックします。展開先にあるフォルダから練習用ファイルを開いてください。
・ファイルを開くときに、インターネットから入手したファイルに関する警告メッセージが表示された場合は、[編集を有効にする]をクリックしてください。

### ● 特典について

本書の購入特典には以下の内容が含まれます。

● 解説動画
YouTubeチャンネル「ゼロからパソコン」と連動した動画による解説です。本書のLESSON見出しにある二次元バーコードよりアクセスしたWebページから閲覧いただけます。

● 追加レッスンPDF
EXTRA LESSONとして、以下の内容のPDFをダウンロードいただけます。

LESSON 1　エラーの意味と対処方法
LESSON 2　数式や関数を間違えて消さないために
LESSON 3　セルの中にミニグラフを表示する
LESSON 4　ピボットテーブルでデータを便利に集計＆分析する
LESSON 5　ピボットテーブルのデータを抽出したり並べ替えたりする
LESSON 6　ピボットテーブルのデータをグラフにする

● 練習用ファイル
本書のLESSON内容を学ぶために用意したサンプルのExcelファイルです。

### ● Excel関連資格について

本書ではMOSなどExcelに関連する資格や検定を受けるにあたっての基礎となる知識や操作方法が学べる構成になっています。ただし、それら資格や検定の出題範囲や関連する機能をすべてカバーしているわけではありません。受検にあたっては各資格・検定の対策書籍等をご参照ください。

# Excelでできることと基本操作を知ろう

まずはExcelでどんなことができるのか、
そして起動や終了の仕方、基本的な画面の操作方法を学びましょう。
あわせて、Excelの操作時に変化するマウスポインターの形についても
知っておきましょう。

## CHAPTER 1
### LESSON 1

＼ 何ができてどう便利か知ろう ／

# Excelはこんなソフト

#表計算ソフト

Excel（エクセル）は「表計算ソフト」と呼ばれ、表を作ったり、計算をしたりするのが得意なソフトウェアです。ここではExcelでどんなことができるか眺めてみましょう。

## 知りたい！

### Excelでできること

#### [1] 表が作れる

表を作成して、データを見やすく整理できます。

#### [2] さまざまな計算や処理が簡単にできる

平均値や最高値、最低値といった値をボタン操作で求められるほか、複雑な数式も簡単に作成できます。

条件ごとに表示する内容を変えるといった処理も行えます。
ここでは、点数に応じて「合格」「不合格」を表示しています。

さまざまな計算や処理を行う「関数」という機能が用意されているよ。

## [3] グラフが作れる

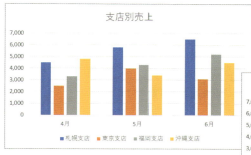

表のデータを元にさまざまなグラフを作成できます。左の例では、各支店の月ごとの売上を棒グラフで表していて、下の例では折れ線グラフで売上の推移を表しています。

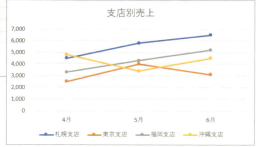

## [4] 多角的な分析もお手のもの

1つの表をさまざまな軸で集計できます。上の例では、担当者別に、日付ごとに商品売上を集計しており、右の例は商品ごと、担当者ごとの売上を集計しています。

## [5] 作った表を印刷できる

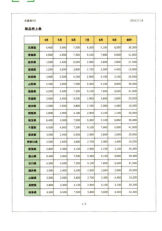

できあがった表はヘッダーやフッターを挿入してわかりやすい資料として印刷できます。

これから1つ1つ丁寧に解説していくので、一緒にがんばろう！

015

## CHAPTER 1 LESSON 2

＼便利な起動方法を知ろう！／

# Excelを起動／終了する

https://dekiru.net/ykex24_102

#MOS　#起動　#終了　#スタート画面　#ピン留め　#オプション　#新規ファイル

Excelで作業するにあたって、起動と終了をスムーズにできるようになりましょう。
起動方法とスタート画面については、自分の使いやすいように設定を変えることができます。

### 知りたい！ どんな便利な起動方法があるの？

[1] **スタートメニューから起動する**

Windowsのタスクバーにある［スタート］アイコンをクリックして、スタートメニューからExcelを起動します。

[2] **スタートメニューにピン留めしたExcelアイコンから起動する**

スタートメニューにピン留めしておくと、スタートメニューの上部にExcelアイコンを固定できます。

オススメ！
[3] **タスクバーにピン留めしたExcelアイコンから起動する**

タスクバーにExcelアイコンをピン留めしておくと、1クリックで起動できます。

自分に合ったExcelの起動ができると、作業がはかどるね♪

Excelを起動すると表示されるスタート画面を省略して、起動と同時に新規ブックを開く設定に変えることもできます。
→19ページ

スタート画面を飛ばして……

すぐに新規ブックが開く！

016

LESSON 2　Excelを起動／終了する

## ［1］　スタートメニューから起動する

Excelを起動するには、スタートメニューからExcelのアイコンを選びます。

### ⇒ スタートメニューで［すべてのアプリ］をクリックする

❶ ［スタート］ボタンをクリックし、

❷ ［すべて］をクリックします。

### ⇒ ［Excel］をクリックする

❸ ［Excel］をクリックします。

上部の検索欄に「Excel」と入力するとすぐ見つかります。

### ⇒ Excelが起動した

Excelが起動し、スタート画面が開きました。

スタート画面は大きく「新規ブック・保存したブックを開く❹」「空白のブックやテンプレート❺」「最近使ったアイテム❻」の3つのエリアに分かれています。
この画面で［空白のブック］をクリックすると、新規ブックが開きます。

017

\ 実務で使える便利技 ♫ /

# もっと簡単に起動するには

起動のたびにスタートメニューからExcelのアイコンを探すのは面倒です。簡単にExcelの起動ができるように便利な設定をしましょう。ここではタスクバーにピン留めする方法とスタートにピン留めする方法を紹介します。

## ⇨ タスクバーにピン留め

タスクバーに常にExcelアイコンを表示させておくと、アイコンをクリックするだけで簡単に起動できます。

❶Excelを起動します。
❷タスクバーに表示されたExcelアイコンを右クリックして、
❸［タスクバーにピン留めする］をクリックします。

❹タスクバーに常にExcelアイコンが表示されます。

## ⇨ スタートにピン留め

スタートメニューにExcelアイコンを表示させることもできます。

❶スタートメニューの［すべてのアプリ］を表示して、
❷［Excel］を右クリックして［スタートにピン留めする］をクリックします。

❸スタートメニューに常にExcelアイコンが表示されます。

\ 実務で使える便利技♫ /
## すぐに新規ブックを開きたい！

通常はExcelを起動したあとに表示されるスタート画面から［空白のブック］をクリックして新規ブックを開きます。でも、「Excelの起動と同時に空白のブックが開いたら、すぐに作業にとりかかれて便利なのに……」と思うこともあるでしょう。そんなときは、スタート画面の表示を省略できます。

❶ スタート画面のオプションをクリックします。

❷［Excelのオプション］ダイアログボックスが表示されるので、［全般］をクリックし、

❸ 一番下にある［このアプリケーションの起動時にスタート画面を表示する］のチェックを外し、

❹［OK］ボタンをクリックします。

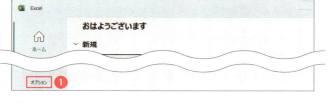

> 次からは起動すると同時に新規ブックが開くよ。これですぐに作業にとりかかれるね♪

> スタート画面は［ファイル］タブをクリックすればいつでも表示できます。

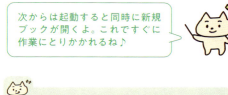

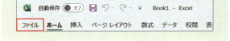

## ［2］Excelを終了する

Excelを終了するには、画面右上の［閉じる］ボタン（×）をクリックします。複数のブックを同時に開いている場合は、［閉じる］ボタンを押したブックだけ閉じます。すべてのブックを閉じると、Excelは終了します。

❶［閉じる］ボタンをクリックします。

― ショートカットキー ―
Excelの終了： Alt + F4

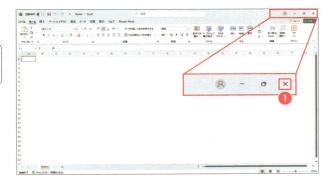

# CHAPTER 1 LESSON 3

＼Excel作業の基本の「き」／

## Excelのブックを開く／閉じる

https://dekiru.net/ykex24_103

#MOS　#ブック　#ファイル　#スタート画面

ブックというのは、Excelファイルのことです。作成したファイルの続きを作業したり印刷したりするには、保存したファイルを開きます。ファイルを開く方法はいくつかあります。場面ごとにいちばん便利な方法を選びましょう。

### 知りたい！ 保存したブックを開く方法を教えて！

#### [1] Excelのスタート画面から開く

Excel起動直後のスタート画面（または［ファイル］タブ）の［開く］ボタンからファイルを指定して開きます。また、スタート画面では最近使ったファイルの履歴が表示されるので、そこから開くこともできます。

#### [2] 開きたいファイルを直接ダブルクリックして開く

 オススメ！

ファイルのアイコンをダブルクリックします。

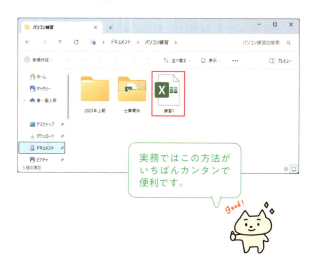

実務ではこの方法がいちばんカンタンで便利です。

> ファイル名には、種類を表す「拡張子」を表示できます。拡張子を表示するには、フォルダの上側にある［表示］メニューから［表示］→［ファイル名拡張子］をクリックします。Excelファイルの場合は、ファイル名末尾に「.xlsx」という拡張子が表示されます。なお、ファイル名を変更する際に拡張子を消さないように注意しましょう。

020

## ［1］Excelのスタート画面からファイルを開く

スタート画面の［開く］から、パソコンに保存してあるExcelファイルの保存先と、開くブック（ファイル）を指定して開くことができます。

### ⇒ スタート画面の［開く］をクリックする

❶ スタート画面から［開く］をクリックし、
❷ ［参照］をクリックします。

―― ショートカットキー ――
スタート画面の表示：Ctrl + O
［ファイルを開く］ダイアログボックスの表示：Ctrl + F12

### ⇒ 保存場所からファイルを選択する

❸ ［ファイルを開く］ダイアログボックスが表示されるので、ファイルが保存されている場所を指定し、
❹ 開きたいファイルをクリックし、
❺ ［開く］ボタンをクリックします。

開きたいファイルをダブルクリックしてもOKです。

### ⇒ ファイルが開いた

ファイルが開きました。

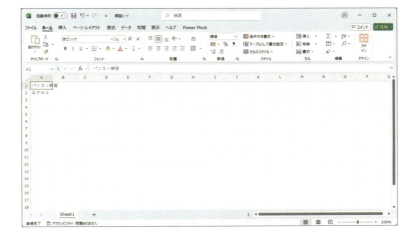

## ［2］ ファイルのアイコンをダブルクリックして開く

保存場所（デスクトップやフォルダなど）から、開きたいファイルのアイコンを直接ダブルクリックして開きます。
Excelを起動していない場合は、ファイルを開くと同時に起動します。

### ⇒ Excelファイルをダブルクリックする

❶デスクトップやフォルダの中など、開きたいファイルが保存されている場所を表示して、
❷ファイルのアイコンをダブルクリックします。

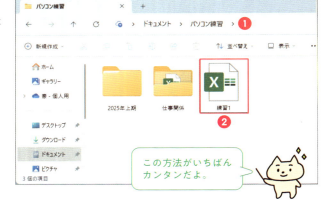

関連動画
フォルダの基本

この方法がいちばん
カンタンだよ。

## ［3］ 最近使ったファイルを開く

スタート画面（または［ファイル］タブ）に［最近使ったアイテム］の一覧が表示されます。
最近作業したファイルであれば、この一覧に履歴が残っている場合があります。

### ⇒ ［最近使ったアイテム］の一覧からクリックする

❶スタート画面の［最近使ったアイテム］
を確認します。

❷一覧に開きたいファイルがあれば、クリックします。

> ファイル名の下に、保存場所が表示されているので、保存場所の確認ができます。「保存先をよく確認せずに保存してしまって、どこに保存したかわからない」という場合にも、ここから保存先を特定できます。

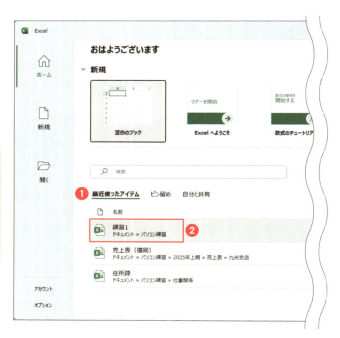

022

## 履歴は増やすことができる

[最近使ったアイテム]に表示する履歴の数は増やすことができます。[最近使ったアイテム]から開く機会が多いという場合は、履歴数を増やしておきましょう。

❶19ページを参考に[Excelのオプション]ダイアログボックスを表示します。
❷[詳細設定]をクリックし、❸[最近使ったブックの一覧に表示するブックの数]を任意の数に変更して、[OK]ボタンをクリックします。

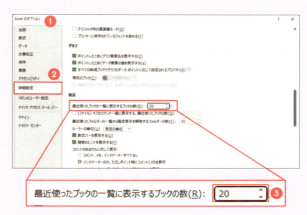

表示するブックの数を0にすると、最近使用したアイテムの履歴を非表示にできます。

## 履歴がないときはどうやって探す？

[最近使ったアイテム]に履歴が残っていない場合は、エクスプローラーから探してみましょう。

❶タスクバーのエクスプローラーをクリックします。
❷エクスプローラーの検索ボックスに探したいファイル名(またはファイル名の一部)を入力すると、❸検索結果が表示されるので、見つかったファイルをダブルクリックして開きます。

検索結果には、ファイルの中身に検索したワードが含まれているものも表示されます。

保存場所に見当が付けられる場合は、そのフォルダを開いてから検索することで、検索にかかる時間が短くなります。

関連動画
フォルダを使いこなそう

`01-03_4.xlsx`

# [4] 作業中に新規ファイルを追加で開く

Excelで作業中、別の新規ブックを開くことができます。

### ⇒ [ファイル]タブをクリックする

❶ 現在作業しているファイルの[ファイル]タブをクリックし、

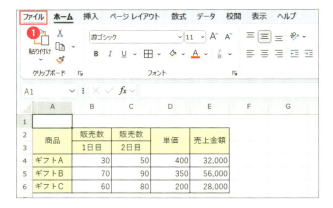

### ⇒ [空白のブック]をクリックする

❷ [空白のブック]をクリックします。

―― ショートカットキー ――
**新規ブック**: Ctrl + N

ショートカットキーの「N」は「New」の頭文字です。「空白」とは「新しい」ということですね。

### ⇒ 新規ファイルが開いた

❸ 新規ファイルが開きました。

もとから開いていたファイルは、新規ファイルの後ろに隠れています。

\ 実務で使える便利技♬ /
## 現在開いているファイルを切り替える

複数のファイルを同時に開いている場合、タスクバーのExcelアイコンをクリックしてブックを切り替えることができます。また、画面の切り替えに便利なショートカットもあわせてご紹介します。

### ⇨ ウィンドウを切り替える

タスクバーのExcelアイコンをクリックすると、現在開いているブックが小さく表示されるので、クリックして表示を切り替えます。また、Altキーを押しながらTabキーを押すと、今開いているファイルやフォルダなどの一覧が表示されます。Altキーを押したままTabを押すごとに、ウィンドウの青い枠が移るので、表示させたいところでAltキーから指を離すとその画面が表示されます。

タスクバーのExcelアイコンをクリックして切り替える

## [5] ファイルを閉じる

Excelの作業が終わったら、ファイルを閉じましょう。開いているファイルが1つのときは、閉じる操作でExcelが終了します。

### ⇨ [閉じる]ボタンをクリックする

❶[閉じる]ボタンをクリックします。

### 終了時にメッセージが出たら

作業した内容を保存していない場合、ファイルを閉じるときに下のようなメッセージが出ます。作業内容に応じて以下のような操作をしましょう。

❶[保存]をクリックすると作業内容を上書き保存します。
❷[保存しない]をクリックすると保存せずに閉じます。
❸[キャンセル]をクリックすると、閉じる操作をキャンセルします。

 まだ一度も保存していない場合は「名前を付けて保存」しましょう(39ページ)。

CHAPTER 1
LESSON 4

＼まずはよく使うところだけ覚えよう！／

# Excelの画面構成を知ろう

https://dekiru.net/ykex24_104

#MOS　#クイックアクセスツールバー　#リボン　#タブ　#名前ボックス　#数式バー

Excelの画面構成を見てみましょう。名称を一度に覚える必要はありませんが、操作手順の中でわからないワードが出てきたら、ここで確認しましょう。

**知りたい！**

## Excelの画面構成

### Excelのウィンドウ（上側）

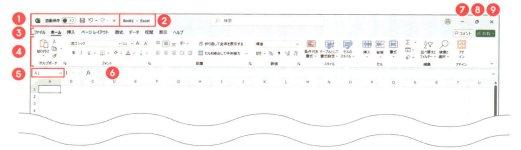

**❶ クイックアクセスツールバー**
よく使う機能のボタンが登録されています。自分でボタンを追加して、カスタマイズすることもできます（解説動画で説明しています）。

**❷ タイトルバー**
開いているブックの名前が表示されます。まだ名前を付けて保存していない場合は「Book1」のように表示されます。

**❸ タブ**
リボンの見出しです（28ページ）。

**❹ リボン**
操作ボタンが表示されます（28ページ）。

**❺ 名前ボックス**
現在選択しているセルのセル番号が表示されます。セルに名前を付ける場合や、関数を入れ子にする場合にも使います。

**❻ 数式バー**
現在選択しているセルに入力されているデータの内容が表示されます。

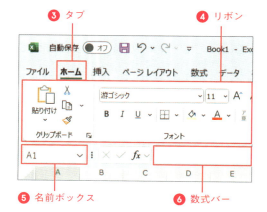

## ❼ 最小化

Excel画面（ウィンドウ）をタスクバーに収めます。タスクバーのExcelアイコンをクリックすると再び表示されます。一時的にデスクトップなどほかの画面を見たいときに使います。

## ❽ 最大化／元に戻す（縮小）

Excel画面（ウィンドウ）が小さく表示されているときには最大化、最大化されているときには元に戻します（縮小表示）。

## ❾ 閉じる

Excel画面を閉じます。複数のブックを開いている場合は、そのブックを閉じ、1つのブックだけ開いている場合はブックを閉じると同時にExcelを終了します。

## Excelウィンドウ（セル範囲から下側）

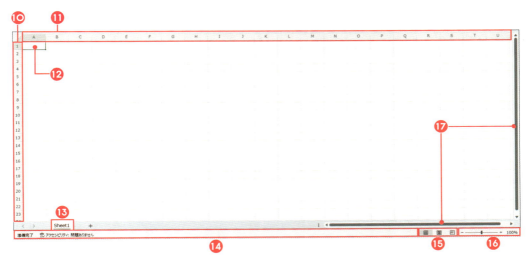

## ❿ 行番号

行を表す数字です。

## ⓫ 列番号

列を表すアルファベットです。

## ⓬ セル

1つ1つのマス目のことをセルといい、選択されているセルを「選択セル」または「アクティブセル」といいます。セルの場所（セル番号）は行番号と列番号を組み合わせて表します。下の例の場合、現在選択中のセルはB列の2行目なので、「セルB2」となります。

## ⓭ シート

ブックに含まれる作業シートです。ここにはシート名が表示されます。1つのブックに複数のシートを追加できます（CHAPTER 11参照）。

## ⓮ ステータスバー

セルを選択すると、合計やデータの個数などの情報が表示されます。

## ⓯ 表示モード

画面の表示モードを「標準」「ページレイアウト」「改ページ」に切り替えます（CHAPTER 12参照）。

## ⓰ ズーム（表示倍率）

つまみをドラッグ（または［＋］［－］をクリック）して、画面の表示倍率を変更します。右の数字をクリックすると［ズーム］ダイアログボックスが開くので、％を指定することもできます（画面の拡大・縮小は33ページで解説）。

## ⓱ スクロールバー

縦に動くのが垂直スクロールバー、横に動くのが水平スクロールバーです。ドラッグすると、画面を上下左右に移動します（画面の移動は32ページで解説）。

# CHAPTER 1
## LESSON 5

＼操作ボタンはここ／

# Excelの機能が集約！ リボンの使い方をマスター

#MOS　#リボン　#タブ

ここからはExcelの画面構成をもう少し詳しく見てみましょう。画面上部にある、ボタンがたくさん並んでいるエリアを「リボン」といいます。リボンからボタンを選んで、操作を実行できます。

## 知りたい！

### リボンの基本

**タブをクリックしてリボンを切り替える**

「リボン」❷にはExcelに用意された機能をボタンにしたものが並んでいます。リボンはボタンを探しやすいように機能ごとに分類されていて、その見出しとなるのが「タブ」❶です。タブをクリックして、リボンの内容を切り替えることができます。

[挿入]タブ❸をクリックしたところ。挿入機能のリボンに切り替わりました。

リボンの中では、ボタンがグループ分けされています。たとえば[ホーム]リボンでは[クリップボード][フォント][配置][数値]など機能ごとにボタンがまとめられています。

ボタンの上にマウスポインターを合わせると、ボタンの名前と機能が表示されます。

リボンの種類や機能は実際に操作しながら覚えられるので、ここでは基本的な使い方だけ知っておけば大丈夫だよ！

LESSON 5　Excelの機能が集約！リボンの使い方をマスター

＼実務で使える便利技♬／

# リボンの表示／非表示を切り替える

01-05.xlsx

リボンは、タブをダブルクリックすることで表示／非表示を簡単に切り替えることができます。リボンを表示しているとセルの領域が狭くなってしまうため、大きな表の場合は、作業時は非表示にしておき、必要なときに表示するとよいでしょう。

⇒ **タブをダブルクリックする**

❶［ホーム］タブをダブルクリックします。

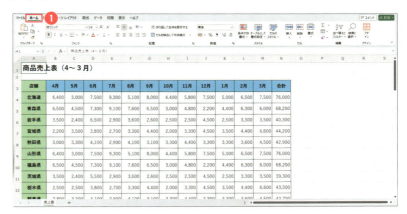

タブが非表示になりました。この状態でタブをダブルクリックするとリボンが表示されます。

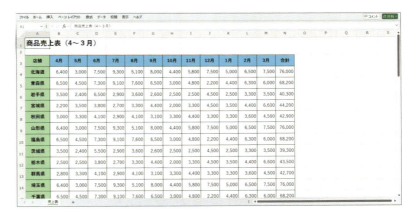

> 知らないうちに「リボンが消えた！」と思ったら、慌てずにタブをダブルクリックしましょう。

もっと知りたい！

## 一時的にリボンを表示するには

使いたいタブを1回だけクリックすると、リボンが表示されます。リボン以外の場所をクリックすると、非表示の状態に戻ります。通常はリボンを非表示にしておきたい場合は、この方法が便利です。

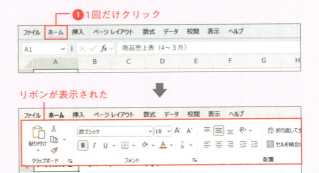

029

## もっと知りたい！ リボン以外の操作画面

選択した対象に対して、複数の設定をまとめて行うことができる場所がダイアログボックスです。また、ボタンには用意されていない詳細な設定も、ダイアログボックスから行います。

### ダイアログボックス

❶グループのをクリックすると、
❷ダイアログボックスが表示されます。
❸設定をしたら［OK］ボタンをクリックします。

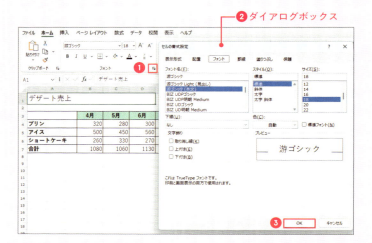

> ダイアログボックスを開いている間はほかの操作はできません。

### 作業ウィンドウ

ダイアログボックスと同様に、作業ウィンドウも詳細な設定をする場合に使います。ダイアログボックスとは違い、設定画面を出したままほかの作業ができるのが特徴です。また、設定内容がすぐに反映されるので、結果を確認しながら設定できます。

❶グラフをクリックすると、
❷作業ウィンドウが表示されます。
❸設定を行います。

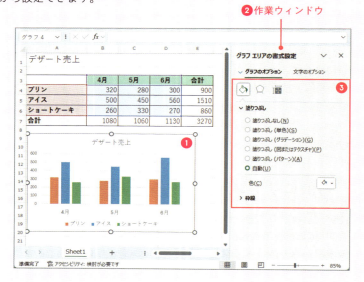

> 作業ウィンドウは、設定対象の上で右クリックして表示されたメニューから［○○の書式設定］をクリックして開くこともできます。

> 作業ウィンドウは、選択している対象ごとに用意されているものもあります。また、オプション❶やボタン❷をクリックすると、それぞれの機能の設定画面に切り替えることができます。

CHAPTER 1
LESSON 6

＼大きな表を扱うときに／
# 画面を移動したり、拡大・縮小したりする

#MOS　#拡大・縮小　#スクロール

Excelでは、縦にも横にも大きな表を扱う場面が少なくありません。作業しやすいように、画面をスムーズに移動したり、すばやく拡大・縮小したりできるようになりましょう。

## 知りたい！ 快適に作業するには？

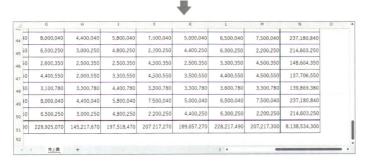

**画面をスクロールする**

表のJ列より右、10行より下が見えない……

右方向、下方向にスクロールして、H列、51行まで見えるようになった

**画面を拡大・縮小する**

細かい作業のときは画面を拡大したり、

全体を見たいときは縮小したりしましょう。

画面の調節が上手になると、作業がはかどるね♪

031

01-06_1.xlsx

# [1] 画面を移動（スクロール）する

画面を縦方向や横方向に移動することをスクロールといい、画面の右端にある「垂直スクロールバー」を上下にドラッグ、または右下にある「水平スクロールバー」を左右にドラッグする方法のほか、マウスのホイールやキーボードを使う方法があります。

## ⇒ スクロールバーをドラッグする

❶ 垂直スクロールバーを下方向にドラッグすると、

❷ 画面の表示領域が下に移動します。

❸ 水平スクロールバーを右方向にドラッグすると、画面の表示領域が右に移動します。

＼実務で使える便利技♬／
## マウスホイールでスクロールする

マウスホイール（マウスの真ん中に付いている回転するボタン）を使ってスクロールできます。

❶ マウスホイールを上下に動かすと、❷ 画面が上下にスクロールします。

---

ショートカットキー

- 1行または1列ずつ移動：↑ ↓ ← →
- 1画面ずつ上／下に移動： Page Up ／ Page Down
- セルA1に移動： Ctrl + Home
- 入力データの最後尾に移動： Ctrl + End

Ctrl + Shift キーを押しながらマウスホイールを上下に動かすと、画面を横方向にスクロールできます。この方法はExcelのバージョンによるので、ぜひご自分のパソコンでできるか試してみてくださいね。

LESSON 6 画面を移動したり、拡大・縮小したりする

## [2] 画面を拡大・縮小する

01-06_2.xlsx

画面を拡大・縮小して、作業しやすい画面の表示倍率に変えることができます。LESSON 4で紹介した「ズームスライダー」を使う方法のほか、マウスホイールを使う方法、リボンから操作する方法があります。ここではマウスホイールを使う方法と、リボンから操作する方法を紹介します。

### ➡ Ctrl キーを押しながらマウスホイールを動かす

❶ Ctrl キーを押しながらマウスホイールを上下に動かすと、

❷ 画面が拡大・縮小します。

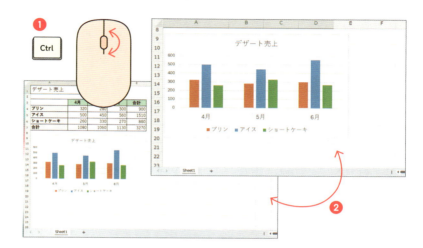

> ホイールを上に動かすと拡大、下に動かすと縮小です。

---

\ 実務で使える便利技♫ /
### 選択した範囲だけ拡大する

マウスでドラッグして選択した範囲だけを拡大することもできます。作業したい部分をピンポイントで大きく表示したい場合はこの方法が便利です。

❶ 拡大したい範囲をドラッグで選択し、

❷ [表示] タブの [選択範囲に合わせて拡大/縮小] をクリックすると、

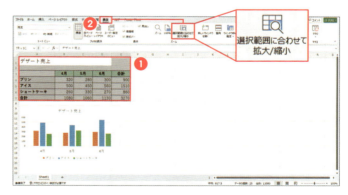

❸ 選択した範囲が画面全体に表示されます。

> 画面に収まらない範囲を選択している場合は、全体が収まるように縮小されます。また、[選択範囲に合わせて拡大/縮小] の左にある [100%] をクリックすると、表示倍率を100%に戻せます。

033

CHAPTER 1
LESSON 7

＼違いがわかると操作がスムーズ♪／

# マウスポインターの種類と役割を知ろう

#MOS　#マウスポインター　#カーソル　#クリック　#ドラッグ

Excelでは、マウスを当てる場所や作業内容によってマウスポインターの形が変わります。それぞれ働きが違うので、操作に合わせて適切なマウスポインターの形になったことを確認するのがポイントです。

## 知りたい！ どんな種類と役割があるの？

### マウスポインターって何？

マウスポインターは、マウス（ノートパソコンならトラックパッドなど）の位置を画面上で示す矢印のことです。Excelでは、操作内容によってマウスポインターの形が変化します。

### Excelのマウスポインターの種類と役割

❶ メニューやボタンをクリックして選択するとき

❷ セルをクリックして選択するとき
　範囲をドラッグして選択するとき

❸ 選択したセルや図形をドラッグして移動するとき

❹ セルをドラッグしてコピー（オートフィル）するとき

❺ 文字を入力するとき

❻ 列全体をクリックして選択するとき　⬇
❼ 行全体をクリックして選択するとき　➡

❽ 列幅をドラッグして調整するとき
❾ 行の高さをドラッグして調整するとき

❿ 図形や画像をドラッグして拡大・縮小するとき

マウスポインターの形や役割は自然と覚えるので、ここでは「いろんな形がある」ということがわかれば大丈夫♪

# 簡単な表を作ってみよう

ここでは、シンプルな表を実際に作りながら
Excel操作の基本的な流れを体験します。
データの入力から計算、表の見た目を整えて印刷する、
という流れを理解することは、Excelを使いこなす近道です。

CHAPTER 2
LESSON 1

＼スムーズな表作成は「入力」が先、「見た目」は最後！／

# 表作成の上手な手順

#MOS　#Excel作業の基本の流れ　#入力　#数式　#書式　#印刷

Excelで表をスムーズに作るには作業する順番が大切です。データや数式などの入力が終わってから、最後に全体の書式や罫線を設定すると、作業にムダがなく見た目もきれいに整います。

知りたい！

## 上手な表作成の流れ

❶ ファイルに名前を付ける

新規ブックを開き「名前を付けて保存」で保存先とファイル名を指定して、ファイルを保存します。作業中は「上書き保存」でこまめに保存します。

❷ データを入力する

「文字」「日付」「数値」などのデータを入力します。

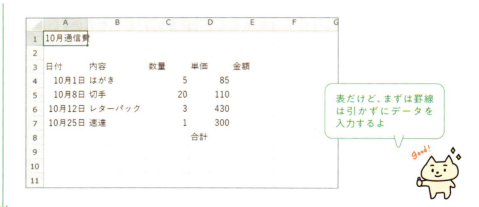

表だけど、まずは罫線は引かずにデータを入力するよ

## ❸ 計算式を入力する

数式や関数を入力して、答えを求めます。

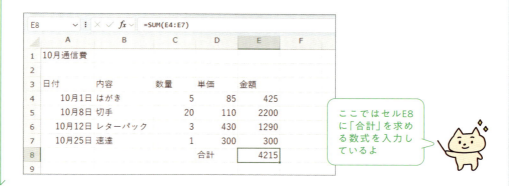

ここではセルE8に「合計」を求める数式を入力しているよ

## ❹ 見た目を整える

文字の設定やセルの色、罫線や桁区切りなど、表を見やすく整えます。

表らしい見た目になったね♪

## ❺ 印刷する

必要に応じて完成した表を印刷します。

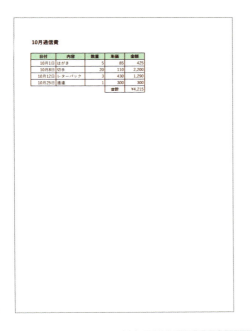

次のレッスンから1つずつやっていくよ♪

CHAPTER 2
LESSON 2

＼最初にやるのは「名前を付けて保存」／

# ファイルを保存する

https://dekiru.net/ykex24_202

#MOS　#名前を付けて保存　#上書き保存

新しい作業にとりかかるときに新規ブックを開きますが、まだこのブックはどこにも保存されていません。そこで、まずは「ファイルの保存場所」を指定して「ファイル名」を付けて保存します。こうすることで、作業を開始してからの保存の操作がスムーズに行えます。

## 知りたい！基本の保存方法

### [1] 名前を付けて保存

［名前を付けて保存］ダイアログボックス

新規ブックを開いたら、作業にとりかかる前にまずブックに「名前を付けて保存」しましょう。「名前を付けて保存」とは、ファイルの保存場所を指定して、ファイル名を付けて保存することです。［名前を付けて保存］ダイアログボックスで行います。

### [2] 上書き保存

こまめに「上書き保存」しておくと、うっかり保存せずにブックを閉じてしまっても「上書き保存」したところまで戻れるよ！

一度保存したブックを編集した場合、「上書き保存」をするとそのタイミングの状態で保存されます。「上書き保存」の場合は、ダイアログボックスは表示されません。

# [1] 名前を付けて保存する

新規ブックを開いたら、まずは「保存場所」を決めて「ファイル名」を付けて保存しましょう。

### ⇒ [ファイル]タブをクリックする

❶ 新規ブックを開いて、
❷ [ファイル]タブをクリックします。

### ⇒ [名前を付けて保存]ダイアログボックスを開く

❸ [名前を付けて保存]をクリックして、
❹ [参照]をクリックします。

― ショートカットキー ―
[名前を付けて保存]
ダイアログボックスの表示：F12

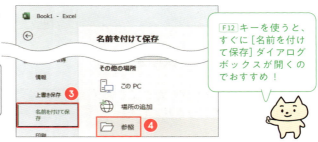

F12 キーを使うと、すぐに[名前を付けて保存]ダイアログボックスが開くのでおすすめ！

### ⇒ 「保存先」と「ファイル名」を指定する

❺ 保存したい場所を指定し、
❻ [ファイル名]にわかりやすい名前を入力して、
❼ [保存]ボタンをクリックします。

ここでは、[ドキュメント]→[パソコン練習]→[家計簿]フォルダの中に「通信費」という名前で保存しています。

###  ⇒ ファイルが保存された

指定した保存先に、ファイルが保存されました。タイトルバーにも、ファイル名が表示されています。

― ファイル名

― やってみよう！ ―
保存したファイルを一度閉じて、保存場所から開いてみよう（ブックを開く方法は20ページ参照）。

# [2] 「上書き保存」する

名前を付けて保存したファイルを編集したら、「上書き保存」をして編集内容を保存します。上書き保存をしても特にメッセージは出ません。

## ⇨ [上書き保存]をクリックする

❶[上書き保存]ボタンをクリックします。

[ファイル]タブ→[上書き保存]でも保存できます。

## ⇨ ファイルが上書き保存された

[上書き保存]ボタンを押したタイミングの状態でファイルが保存されました。

――― ショートカットキー ―――
上書き保存：[Ctrl] + [S]

Sは「Save」(保存)の頭文字です。

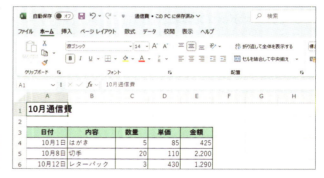

### ＼実務で使える便利技♪／
## うっかり保存せずにブックを閉じてしまったら？

気をつけていても、うっかり[×]ボタンで保存せずに閉じてしまった！ということもあるかもしれません。実は、Excelには「自動保存」という機能があり、初期設定では10分ごとにデータが自動的に保存されているので、復元できる可能性があります。なお、関連動画では初期設定の変え方などさらに詳しく解説しています。

## ⇨ 一度も保存したことがないファイルの場合

❶[ファイル]タブ→[情報]→[ブックの管理]ボタン→[保存されていない文書の回復]をクリックすると、

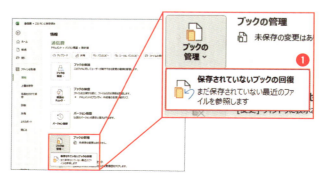

関連動画
ファイルの復元方法

LESSON 2　ファイルを保存する

❷ 回復ファイルが保存されているフォルダが開きます。ここから更新日時をヒントに該当するファイルを選択して開くと、

❸ 自動保存されたファイルが読み取り専用で開くので、ファイルに間違いがなければ［名前を付けて保存］をクリックして保存しましょう。

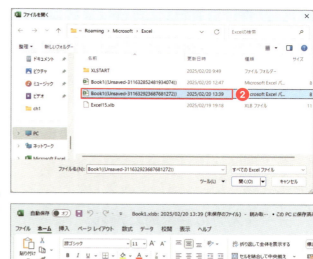

あくまでも「自動保存から回復できる可能性がある」というものなので、保存は忘れずにね！

### 上書き保存をしなかった場合

❶ 上書き保存せずに閉じたファイルを開き、［ファイル］タブ→［情報］をクリックすると、［ブックの管理］に未保存ファイルが表示されます。

❷ ［ブックの管理］に表示されている（保存しないで終了）と書かれたファイルをクリックすると、自動保存されたファイルが読み取り専用で開くので、

❸ 「名前を付けて保存」ボタンからファイルを指定して上書き保存します。

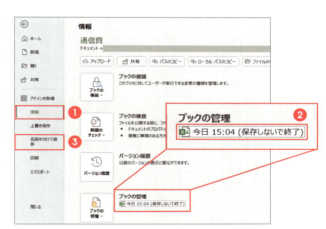

## もっと知りたい！

### 元のファイルとは別に保存したいときは？

「上書き保存」するとファイルの内容は更新されますが、編集前の状態は残しておきたい場合があります。その場合は「名前を付けて保存」で別のファイル名を付けて保存することで、元ファイルとは別のファイルとして保存できます。

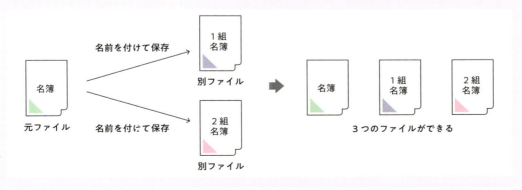

041

CHAPTER 2
LESSON 3

＼ 日付・文字・数値データを入力しよう ／

# データを入力する

https://dekiru.net/ykex24_203

#MOS　#入力モード　#文字列　#日付　#数値　#セルの移動　#編集

表を作成するときは、先に「文字」「数値」「日付」などのデータを入力します。まずはExcelならではの基本の入力方法を確認しましょう。

## 知りたい！ データ入力の基本的な流れ

❶ **入力モードを切り替える**

入力するデータによって、入力モードを［半角英数字］か［ひらがな］に切り替えます。

数値、日付、数式・関数の入力　　　漢字やひらがな、全角カタカナの入力

　［半角英数字］モード　　　　　　　　［ひらがな］モード

❷ **入力するセルを選択する**

データを入力するセルをクリックして選択します。

❸ **データを入力する**

データを入力します。

入力したあとで修正したい場合や削除したい場合のやり方はこのあとで説明するよ。

❹ **次のセルに移動する**

❸で入力後に Enter キーを押すと下のセルが選択されます。右のセルに移動したいときは tab キーを押します。

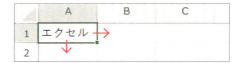

Excelで入力できるデータの種類については、CHAPTER 3や4で詳しく説明するよ。

文字列（日付や数値以外）はセルの左側、日付や数値はセルの右側に詰めて（揃えて）入力されます。

|   | A | B | C | D |
|---|---|---|---|---|
| 1 | はがき | 10月1日 | 85 |  |
| 2 | 左揃え | 右揃え | 右揃え |  |

LESSON 3　データを入力する

## [1] 文字列を入力する

まずは完成図の表の文字データを入力しましょう。データ入力後のセルの移動方向もここでしっかり確認しましょう。ここでは文字列（日付や数値、数式以外の文字データのこと）を入力していきます。

###  ここで作る表（完成図）

ここでは右のような表を作ります。セルA1に表のタイトルを入力してから、日付や内容、数量などの項目名とデータを入力して、最後に金額と合計を計算します。

> フォントの書式や表の罫線や色についてはLESSON 4以降で設定します。

|   | A | B | C | D | E |
|---|---|---|---|---|---|
| 1 | 10月通信費 |  |  |  |  |
| 2 |  |  |  |  |  |
| 3 | 日付 | 内容 | 数量 | 単価 | 金額 |
| 4 | 10月1日 | はがき | 5 | 85 | 425 |
| 5 | 10月8日 | 切手 | 20 | 110 | 2,200 |
| 6 | 10月12日 | レターパック | 3 | 430 | 1,290 |
| 7 | 10月25日 | 速達 | 1 | 300 | 300 |
| 8 |  |  |  | 合計 | ¥4,215 |

### タイトルを入力するセルを選択する

❶ 入力モードが［ひらがな］になっていることを確認します。

──ショートカットキー──
入力モードの切り替え：[半角/全角]

> 入力モードの切り替えは[半角/全角]キーを押すのが簡単だよ。

❷ セルA1をクリックします。

### タイトルを入力する

❸ 「10月通信費」と入力します。

次ページへ続く　043

## ➡ タイトルを確定する

❹ 入力できたら Enter キーを押します。
すると選択セルが下方向に移動します。

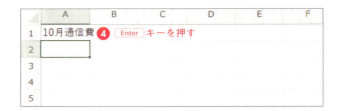

## ➡ 項目を入力するセルを選択する

❺ セルA3をクリックします。

❹のあとで Enter キーをもう一度押して
セルA3に移動しても大丈夫です。

## ➡ 項目を入力する

❻ 「日付」と入力します。

項目は横方向に並んでいる
から、次は右隣のセルに移動
したいね

## ➡ 入力を確定し、右方向にセルを移動する

❼ Tab キーを押すと、選択セルが右方向に
移動します。

これでそのまま続けて
入力できるね♪

---

**やってみよう！**

右の図と同じになるように、残りの文字列
データも入力してみましょう。

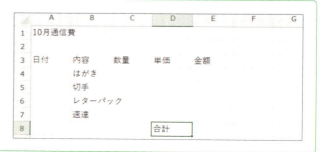

## [2] 日付を入力する

次に日付データを入力しましょう。日付は月/日の形式で簡単に入力できます。

### ⇒ 日付を入力するセルを選択する

❶ 入力モードが［半角英数字］になっていることを確認したら、

❷ セル A4 をクリックします。

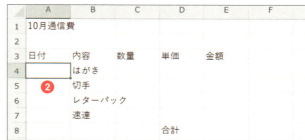

### ⇒ 日付を入力する

❸「10/1」と入力して、
❹ Enter キーを押します。

❺ 選択セルが下に移動したことを確認します。

日付の表示は「10月1日」の形式に自動で変わります。日付データについては61ページから詳しく解説しています。

― やってみよう！ ―

右の図と同じになるように、残りの日付データも入力してみましょう。

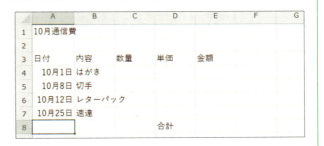

045

## [3] 数値を入力する

最後に「数量」と「単価」の数値データを入力しましょう。

### ⇒ 数値を入力するセルを選択する

❶ 入力モードが[半角英数字]になっていることを確認したら、

❷ セルC4をクリックします。

### ⇒ 数値を入力する

❸ 「5」と入力して、

### ⇒ 入力を確定する

❹ Enter キーを押すと、選択セルが下に移動します。

> 数値は[ひらがな]モードで全角入力した場合でも、自動で半角に変換されます。数値データと表示については68ページで詳しく解説します。

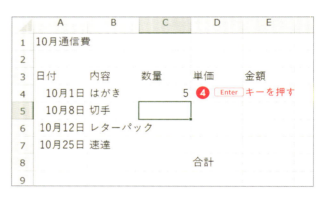

---

**やってみよう！**

・右図と同じになるように残りの数量と単価も入力してみましょう。

・数値を入力すると、レターパックの文字が途中で切れます。これはB列の横幅が文字数に対して狭いためです。B列とC列の境目にマウスポインターを合わせて、マウスポインターの形が ✛ になったタイミングでダブルクリックすると（❶）、B列の文字数に合わせて列幅が自動調整されます（❷）。また、❶のマウスポインターで列の境界線をドラッグして列幅を調整することもできます。A列も調整してみましょう。

行列の詳しい操作については135ページから解説します。

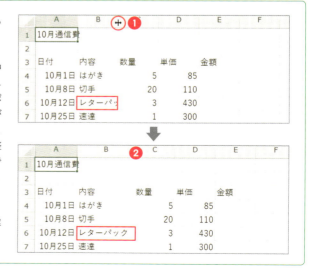

## 入力したデータを修正・削除するには

セルに入力したデータの修正は、セルを編集モードにしてから行います。編集が終わったら Enter キーを押して確定します。

### セルに文字を追加する

❶修正したいセルをダブルクリックすると、
❷カーソル（｜）が点滅し、セルが編集モードになります。
❸文字を追加したい位置にカーソルを移動して、文字を入力します。

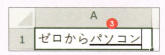

セルを選択して F2 キーを押すと、ダブルクリックをしたときと同じ編集モードになります。カーソルはデータの末尾に表示されます。

### 文字を削除する

❶修正したいセルをダブルクリックして編集モードにします。
❷削除したい文字の後ろにカーソルを移動して、
❸ Back space キーを押すごとに1文字ずつ削除されます。

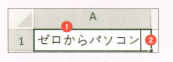

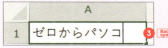

データの修正は数式バーでも行えます。

Back space キーを押すと、カーソルより前（左）方向に1文字ずつ消します。 Delete キーを押すと、カーソルより後（右）方向に1文字ずつ消します。

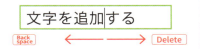

### データを入力し直す

❶修正したいセルを選択して、
❷そのまま新たに入力します。

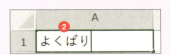

### データを削除する

❶修正したいセルを選択して
❷ Delete キーを押します。

セルが編集モードになっているかどうかは、ステータスバー（27ページ）の表示で確認できます。

CHAPTER 2 LESSON 4

＼Excelが計算してくれるから便利♪／

# 数式を入力する

#MOS #数式 #演算子 #合計 #SUM

https://dekiru.net/ykex24_204

Excelでは入力したデータを使って計算ができます。計算対象を数値ではなくセル番号で指定することで、セルに入力する数値が変わっても自動的に再計算されるので、とても便利です。

## 知りたい！ Excelで計算するには

### セルに計算式（数式）を入力するだけ！

= C4 * D5
数式

セルに数式を入力すると、セルには計算結果が表示されます。

### 数式のルール①　半角英数字モードで入力する

［半角英数字］モード

数式は半角英数字モードで入力します。

### 数式のルール②　「＝」から入力する

数式は「＝」（イコール）から入力します。

「＝」は、Shiftキーを押しながら「ほ」のキーを押して入力するよ。

### 数式のルール③　計算する値はセルで指定できる

「＝」に続けて計算したい値を入力します。値は、セル番号で指定できます。

### 数式のルール④　基本の演算子

たし算：＋（プラス）
ひき算：－（マイナス）
かけ算：＊（アスタリスク）
わり算：／（スラッシュ）

「＝」から入力するのとセル番号で値を指定する以外はふつうの計算式と同じだね。

値はこれらの記号（演算子）を使って計算します。テンキーの付いていないキーボードでは、「＋」と「＊」はShiftキーと組み合わせて入力します。また、「＊」や「／」は「＋」や「－」より優先されます。＋または－の計算を優先したいときは「（ ）」で囲みます。

048

# [1] 数式を入力する

02-04.xlsx

まずは簡単な数式を入力してみましょう。ここでは、はがきの「金額」のセルに「数量×単価」の計算結果を求めます。LESSON 3で入力したデータに続けて作業をします。

## ⇒ 数式を入力するセルに「＝」を入力する

❶ 入力モードが［半角英数字］になっていることを確認します。
❷ セルE4をクリックして、
❸「＝」と入力します。

## ⇒ 値となるセルを指定する

❹「数量」が入力されたセルC4をクリックすると、
❺「＝」のあとに「C4」と表示されます。

## ⇒ 演算子を入力する

❻ かけ算の記号「*」を入力します。

## ⇒ 値となるセルを指定する

❼「単価」が入力されたセルD4をクリックすると、
❽「*」のあとに「D4」と表示されます。

## ⇒ 数式を確定する

❾ 数式に間違いがなければ Enter キーを押して確定します。

## ⇒ 計算結果が表示された

数式を入力したセルE4をクリックすると、数式バーにはセルE4に入力した数式、セルE4にはその計算結果が表示されていることがわかります。このように、Excelではセルの見た目と実際の入力内容が違うことがあります。実際の入力内容は数式バーを見ればわかります。

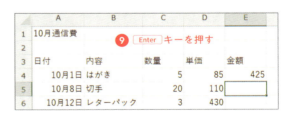
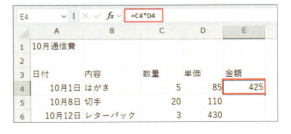

## [2] 数式をコピーする

残りの金額も、同じように「数量×単価」で求められます。Excelでは入力した数式をコピーして、簡単に計算結果を求めることができます。

### ⇒ コピーするセルのオートフィルハンドルにマウスポインターを合わせる

❶ 数式を入力したセルE4をクリックします。
❷ セルの右下にあるオートフィルハンドル（■）にマウスポインターを合わせます。

### ⇒ 数式をコピーしたい範囲までフィルハンドルをドラッグする

❸ マウスポインターの形が＋になったことを確認して、

❹ セルE7までドラッグします。

> このドラッグしてコピーする機能を「オートフィル」といいます。詳しくは83ページで解説しています。

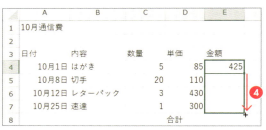

### ⇒ 計算結果が表示された

数式がコピーされました。数式内のセルがコピー先に合わせて自動的にずれるため、セルごとに正しい計算結果が表示されます。

> ここでは、セルE4に入力した「=C4*D4」という数式が、
> セルE5では「=C5*D5」
> セルE6では「=C6*D6」
> セルE7では「=C7*D7」
> のように、自動的にずれてコピーされています。
> このしくみを「セル参照」といいます。詳しくは146ページで解説しています。

050

## [3] 合計を求める

最後に、セルE8に金額の合計を求めましょう。「オートSUM」という合計を計算する機能が用意されているので、数式を入力しなくても簡単に求めることができます。

### ⇨ 合計を求めるセルをクリックする

❶セルE8をクリックします。

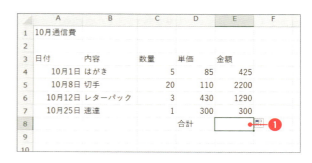

### ⇨ [Σ]ボタンをクリックする

❷[ホーム]タブの[合計]（Σ）ボタンをクリックします。

このボタンの機能を「オートSUM」といいます。

### ⇨ 計算対象の範囲を確認する

❸合計を求める範囲が点線で囲まれるので、範囲に間違いがないか確認します。

このときセルE8には「=SUM(E4:E7)」という数式が表示されています。この数式については164ページで解説します。

### ⇨ 合計が表示された

❹ Enter キーを押して確定すると、計算結果が表示されます。

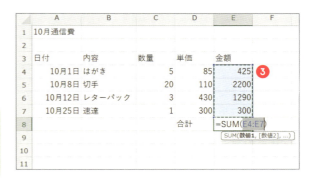

CHAPTER 2

＼見やすく伝わる表にしよう♪／

# LESSON 5 表の見た目を整えよう

https://dekiru.net/ykex24_205

#MOS #太字 #文字サイズ #セルの色 #文字の揃え #桁区切り #通貨形式 #罫線

データや数式の入力が終わったら、最後に見た目を整えます。同じ設定はまとめて操作したり、データの入力範囲に合わせて罫線を引いたり、最後に作業することでムダなくスムーズに整えることができます。ここでは基本の整え方を確認しましょう。

知りたい！

## 基本の見た目の整え方

### セルの色、文字のサイズや罫線を設定する

これを……　→　こうする

ここまでのLESSONで入力したデータを見やすい表の形に整理します。

### 基本の見た目の整え方①　書式の設定

文字を太字にしたり、サイズを変えたりできます。また、中央揃えにしたり、セルに色を塗ったりできます。

### 基本の見た目の整え方②　数値の表示形式

数値に「¥」マークや桁区切り記号を付けるなど、さまざまな形式で表示できます。

### 基本の見た目の整え方③　罫線を引く

セルに罫線を引いて、表としての体裁を整えます。

052

LESSON 5 表の見た目を整えよう

02-05.xlsx

## [1] 太字にする

セルA1に入力した表のタイトルを太字にしましょう。

### ⇨ セルを選択して[太字]ボタンをクリックする

❶ セルA1をクリックして、

❷ [ホーム]タブの[太字]ボタンをクリックします。

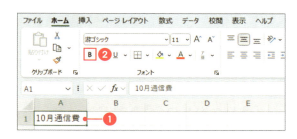

### ⇨ タイトルが太字になった

セルA1の文字が太字になりました。

> **やってみよう！**
> 「日付」～「金額」までの項目と、「合計」の文字も太字にしてみましょう。

## [2] 文字サイズを変える

セルA1のタイトルの文字サイズを大きくしましょう。ここでは14ポイントにしてみます。

### ⇨ セルを選択して[フォントサイズ]からサイズを指定する

❶ セルA1をクリックします。

「ポイント（pt）」とは文字サイズなどを表す単位です。初期状態では11ポイントになっています。また、A˄ A˅ の左ボタンでフォントサイズを大きく、右ボタンで小さくできます。

❷ [フォントサイズ]の ▼ をクリックして、
❸ 一覧から[14]をクリックすると、
❹ フォントサイズが14ポイントになります。

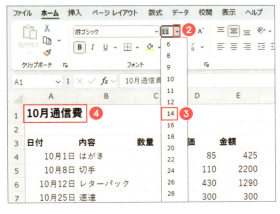

> **やってみよう！**
> タイトル以外の文字を12ポイントにしてみましょう。

053

## [3] セルに色を付ける

セルA3〜セルE3の各項目のセルに色を付けてわかりやすくしましょう。色を付ける場合も、対象のセルを選択してから行います。

### ⇒ 色を付ける範囲を選択する

❶ セルA3からセルE3をドラッグして選択します。

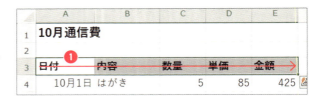

### ⇒ [塗りつぶしの色]を選ぶ

❷ [ホーム]タブの[塗りつぶしの色]の▼をクリックして、

❸ 好きな色をクリックすると、

❹ セルに色が付きます。

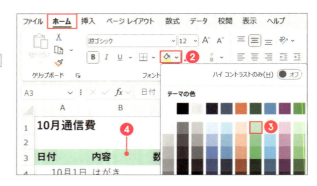

## [4] 文字をセルの中央に配置する

各項目の文字は現在セルの左側に寄せて配置されていますが、これを左右の中央に揃えましょう。

### ⇒ 配置を変えたいセルを選択する

❶ セルA3〜セルE3をドラッグして選択します。

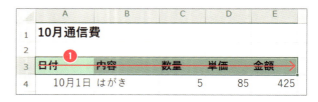

### ⇒ [中央揃え]ボタンをクリックする

❷ [ホーム]タブの[中央揃え]ボタンをクリックします。

### ⇒ 文字が中央揃えになった

セル内の文字が左右の中央に揃いました。

> **やってみよう！**
> セルD8の「合計」も中央揃えにしましょう。

054

## [5] 桁区切りカンマを付ける

数値は3桁ごとにカンマがあると見やすくなります。カンマは自分で入力しなくてもボタン1つで設定できます。ここでは「数量」「単価」「金額」に桁区切りカンマを付けましょう。

### ⇨ カンマを付ける範囲を選択する

❶ セルC4からセルE7をドラッグして選択します。

### ⇨ [桁区切りスタイル] ボタンをクリックする

❷ [ホーム] タブの [桁区切りスタイル] をクリックすると、

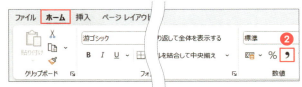

❸ 桁区切りカンマが設定されます。

## [6] 合計金額に¥マークを付ける

セルE8の合計金額には¥マークを付けてみましょう。「通貨スタイル」を設定することで、¥マークは入力しなくても¥と桁区切りカンマを同時に設定できます。

### ⇨ セルを選択する

❶ セルE8をクリックして選択します。

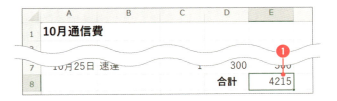

### ⇨ [通貨表示形式] ボタンをクリックする

❷ [ホーム] タブの [通貨表示形式] をクリックします。

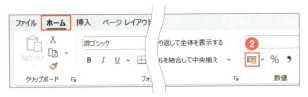

## ￥と桁区切りカンマが付いた

￥と桁区切りのカンマが同時に設定できました。

> セルの見た目上の形式のことを「表示形式」といいます。詳しくはCHAPTER 3で解説しています。

# [7] 表に罫線を引く

最後に罫線を設定して、表の形にしましょう。罫線は選択範囲単位でまとめて設定できます。

## 罫線を引く範囲を選択する

❶ セルA3からセルE7をドラッグして選択します。

## [罫線]から[格子]をクリックする

❷ [ホーム]タブの[罫線]の ▼ をクリックして、

❸ [格子]をクリックします。

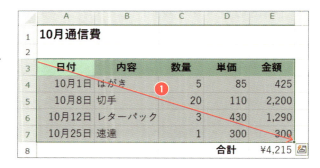

## 罫線が引けた

選択した範囲に罫線が引けました。ここまでできたら上書き保存しておきましょう。
罫線についてはCHAPTER 5で詳しく解説しています。

> **やってみよう！**
> 同じように、セルD8～セルE8にも格子を設定してみましょう。

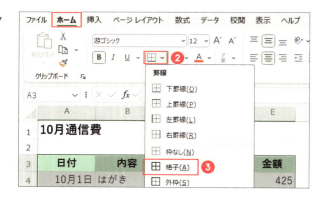

056

CHAPTER 2 ＼最後の仕上げ／
LESSON 6

# 印刷をしよう

#MOS　#印刷　#印刷プレビュー

表が完成したら、印刷してみましょう。Excelの作業画面では用紙にどのように印刷されるのかわかりづらいので、実行する前に必ず印刷イメージを確認します。ここでは基本の印刷手順を覚えましょう。

知りたい！

## 基本の印刷の流れ

### 印刷された状態をプレビューで確認してから印刷

作成した表

印刷画面で確認

用紙の印刷プレビュー

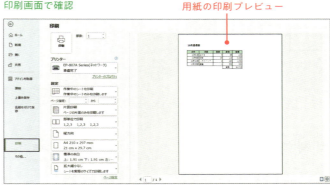

作成した表が、実際にどのように印刷されるかを「印刷プレビュー」で確認してから印刷します。

用紙からはみ出してない？ 何ページ印刷される？ などをここで確認してから印刷すると、印刷ミスを防げるよ。

---

02-06.xlsx

## [1] 印刷する

印刷画面でイメージや設定を確認して、印刷を実行しましょう。なお、プリンターが接続され、電源が入っているか、用紙が入っているかなどはあらかじめ確認しておいてください。

### ➡ 印刷画面を開く

❶［ファイル］タブをクリックして、

❷［印刷］をクリックします。

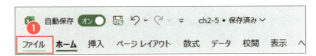

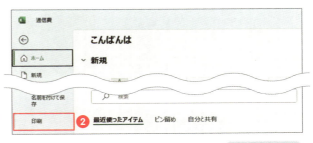

ショートカットキー
印刷画面の表示：Ctrl + P

次ページへ続く　057

## ⇒ イメージや設定を確認する

❸ 印刷画面が開くので、
❹ 印刷したい部数、プリンター、印刷イメージを確認します。

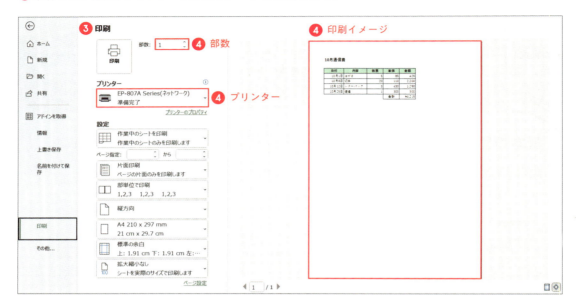

## ⇒ 印刷する

❺ [印刷]ボタンをクリックします。

## ⇒ 印刷された

用紙に印刷されたことを確認します。

> 印刷についてはCHAPTER 12で詳しく解説します。

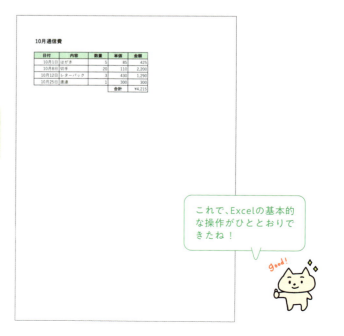

> これで、Excelの基本的な操作がひととおりできたね！

# データをいろいろな形式で表示しよう

Excelには、文字列や日付、数値などいろいろな種類のデータが入力できます。日付であれば「○月○日」「○／○」、数値であれば桁区切りや通貨の形式、パーセントの表示といったように、内容に合わせた表示にすることで伝わりやすい表になります。ここでは表示形式について学びましょう。

CHAPTER 3
LESSON 1

＼データをひと目でわかりやすく♪／

# 表示形式を知る

#MOS　#表示形式　#日付　#数値　#通貨　#％

日付に曜日や、金額に桁区切りのカンマや￥マークを表示することで、データがより見やすくなります。入力したデータの内容は変えずに、見た目をわかりやすく工夫しましょう。

知りたい！

## 表示形式って何？

セルに入力されたデータを、そのままの形ではなく「日付」「数値」「金額」「割合」などデータの種類ごとに形式を整えて表示する機能です。日付なら「12月24日」や「12/24（火）」といった表示形式、割合なら「0.16」や「16％」といった表示形式があり、データごとに設定できます。

### これが……

| | A | B | C | D | E | F | G |
|---|---|---|---|---|---|---|---|
| 1 | 店舗別売上 | | | | | | |
| 2 | | | | | | | |
| 3 | 日付 | 銀座店 | 横浜店 | 福岡店 | 売上合計 | 構成比 | |
| 4 | 5月1日 | 42600 | 35900 | 55600 | 179513 | 0.16356165 | |
| 5 | 5月2日 | 34500 | 48080 | 48000 | 175994 | 0.160355345 | |
| 6 | 5月3日 | 96300 | 86400 | 80400 | 308515 | 0.281100658 | |

データを入力しただけだと、数値が見づらい状態です。

### こうなる

| | A | B | C | D | E | F | G |
|---|---|---|---|---|---|---|---|
| 1 | 店舗別売上 | | | | | | |
| 2 | | | | | | | |
| 3 | 日付 | 銀座店 | 横浜店 | 福岡店 | 売上合計 | 構成比 | |
| 4 | 5/1(水) | 42,600 | 35,900 | 55,600 | ¥179,513 | 16.4% | |
| 5 | 5/2(木) | 34,500 | 48,080 | 48,000 | ¥175,994 | 16.0% | |
| 6 | 5/3(金) | 96,300 | 86,400 | 80,400 | ¥308,515 | 28.1% | |

表示形式を整えたら、データがひと目でわかりやすくなります。

### データの見た目を整えるのが「表示形式」

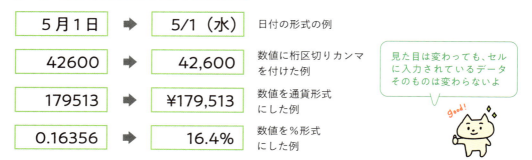

CHAPTER 3
LESSON 2

＼曜日の表示もできます／

# 日付と時刻の表示形式

https://dekiru.net/ykex24_302

#MOS　#日付　#時刻　#西暦　#和暦　#シリアル値　#ユーザー定義

日付の表示形式を変えてみましょう。狭いセル幅に合わせて省略表示にしたり、曜日を自動で表示させたり、和暦にしたりと、目的に合わせて表示の方法を選ぶことができます。

## 知りたい！ 日付の表示形式の種類と設定方法

### 日付の表示形式の種類

日付は初期設定では「10月1日」のように「月/日」の形で表示されますが、ほかにも下に挙げたようなさまざまな形式で表示できます。

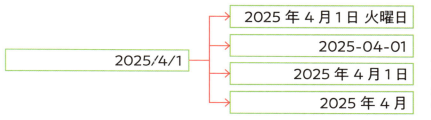

セルに入力した「2025/4/1」を、さまざまな形式で表示した例

### 表示形式の設定方法

日付の表示形式は［セルの書式設定］ダイアログボックスの［日付］を選ぶと、さまざまな種類から設定できます。［カレンダーの種類］で和暦を選ぶと、西暦から「令和」など和暦に変更できます。

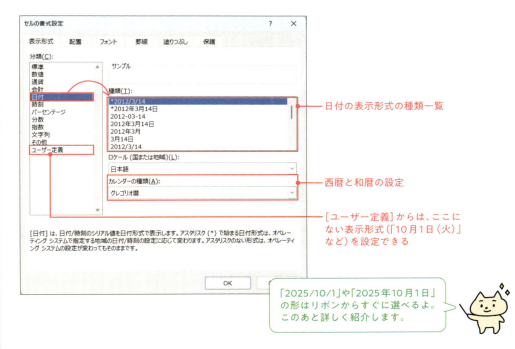

「2025/10/1」や「2025年10月1日」の形はリボンからすぐに選べるよ。このあと詳しく紹介します。

061

> 03-02_1.xlsx

## [1] 「年月日」の形式にする

日付の表示形式を「2025/10/1」または「2025年10月1日」の形にする場合は、[数値] グループの [数値の書式] から [短い日付形式] または [長い日付形式] を選びます。

###  [数値の書式]をクリックする

❶ 日付のセルA1をクリックして、
❷ [数値の書式] の ▼ をクリックします。

> [数値の書式] に表示される内容（ここでは「ユーザー定義」）は、選んでいるセルによって変わります。

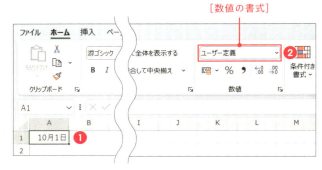

###  日付形式を選ぶ

❸ [短い日付形式] または [長い日付形式] をクリックします。

> 日付を「10月1日、10月2日……」のように連続して入力する場合はオートフィルが便利です（83ページ）。

###  「年月日」の表示形式になった

選択した日付の表示形式になりました。

> 日付しか入力しなくても今年の日付として認識されていることがわかります。今年以外の日付を入力する場合は、「2022/10/1」のように年から入力します。

## [2] さまざまな日付の形式から選ぶ

[セルの書式] 設定ダイアログボックスを開いて、[表示形式] から [日付] を選ぶと、日付の表示形式がたくさん用意されています。ここでは「10/1」の表示形式にしてみましょう。

### ⇒ [セルの書式設定] ダイアログボックスを表示する

❶ 日付のセルA1をクリックして、

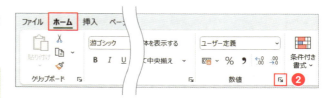

❷ ［ホーム］タブの［数値］グループの ⤢ を
クリックします。

［数値の書式］の ⌵ から［その他の表示形式］をクリックしてもOKです。

## ➔ 表示形式を選ぶ

❸ ［日付］をクリックし、
❹ ［種類］から表示形式を選んで、
❺ ［OK］ボタンをクリックします。

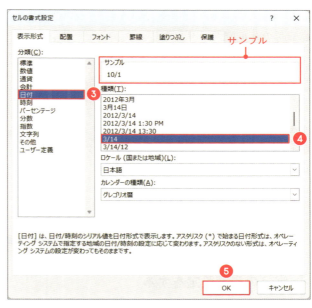

［サンプル］で実際の表示結果を確認できるよ。

## ➔ 表示形式が変わった

選択した形式に表示が変わりました。

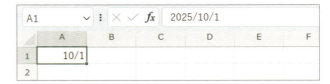

\ 実務で使える便利技♪ /

# 和暦で表示したい！

［セルの書式設定］ダイアログボックスで［カレンダーの種類］を［和暦］にすると、年表示を「令和」や「平成」などの和暦に変えることができます。

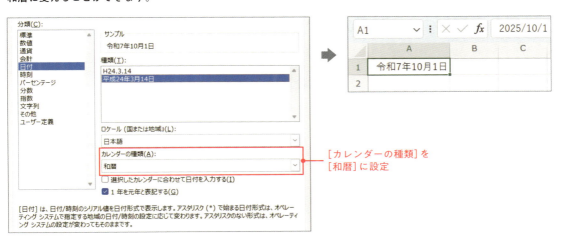

063

## [3] 日付に曜日を表示する

曜日付きの日付など、一覧にはない表示形式は自分で自由に設定できます。ここでは「10月1日（火）」のように日付の後ろに（曜日）を表示させましょう。

### ⇒ [セルの書式設定]の[ユーザー定義]を表示する

❶日付のセルA1をクリックします。

❷[セルの書式設定]ダイアログボックスを表示し、
❸[分類]から[ユーザー定義]をクリックします。

❹[サンプル]に現在の表示例が、[種類]に現在の表示形式が表示されます。

### ⇒ 曜日の表示設定をする

❺[種類]の「m"月"d"日"」の後ろに「(aaa)」と入力します。

❻サンプルに「10月1日(水)」のように、曜日が表示されていることを確認したら、

❼[OK]ボタンをクリックします。

「m」や「d」「aaa」の意味については次ページの「もっと知りたい！」で説明するよ。

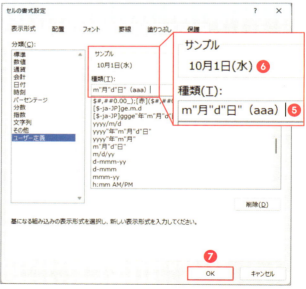

### ⇒ 日付の後ろに曜日が表示された

日付と曜日が表示されました。

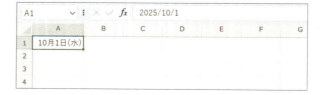

関連動画
日付と曜日の
セルを分けるには

064

LESSON 2　日付と時刻の表示形式

## 実務で使える便利技 ♪
## 今日の日付をすばやく入力する

データの更新日などをササッと入力したいけど今日の日付がわからない場合は、日付を入力するショートカットキーを使うと便利です。「年／月／日」の形式で入力されます。

ショートカットキー
今日の日付の入力： Ctrl ＋ ; キー

---

もっと知りたい！

## 表示形式の「m」や「aaa」って何？

曜日を表示したときに[ユーザー定義]の表示形式を設定しました。このユーザー定義とは、決まった書き方をすることで、表示形式をカスタマイズできる機能です。[セルの書式設定]ダイアログボックスの[表示形式]タブで[ユーザー定義]を選ぶと、[種類]の欄で自分で入力して設定できます。
ここでは書き方のポイントとなる「m」や「aaa」などの記号の意味を知りましょう。

### 年月日を表す記号
（2025年9月3日水曜日の場合）

| 記号 | 意味 | 表示 |
|---|---|---|
| yy | 西暦の年（2桁） | 25 |
| yyyy | 西暦の年（4桁） | 2025 |
| m | 月 | 9 |
| mm | 月（2桁） | 09 |
| mmm | 月（英語短縮表示） | Sep |
| mmmm | 月（英語表示） | September |
| d | 日 | 3 |
| dd | 日（2桁） | 03 |
| aaa | 曜日 | 水 |
| aaaa | 曜日 | 水曜日 |
| ddd | 曜日（英語短縮表示） | Wed |
| dddd | 曜日（英語表示） | Wednesday |

例）

yyyymmdd(ddd)
↓
20250903(Wed)

yyyy" 年 "mm" 月 "dd" 日 "aaaa
↓
2025 年 09 月 03 日水曜日

表示形式で「年」や「月」といった日本語の文字を表示する場合、"年"のように「"」で囲みます。

### 和暦を表す記号（令和7年の場合）

| 記号 | 意味 | 表示 |
|---|---|---|
| g | 和暦 | R |
| gg | 和暦 | 令 |
| gggg | 和暦 | 令和 |
| e | 和暦の年 | 7 |
| ee | 和暦の年（2桁） | 07 |

例）

ggge" 年 "m" 月 "d" 日 "(aaa)
↓
令和 7 年 9 月 3 日（水）

「"」はExcelが自動で補足するので、入力する際は省略しても大丈夫だよ。

`03-02_4.xlsx`

# [4] 時刻を表示する

出勤簿や更新時間など、Excelでは時刻を表示したい場合も多くあります。ここでは時刻を「10時5分」の表示にしてみましょう。

## ⇒ 時刻を入力する

❶「10:5」と入力して Enter キーを押すと、

❷「10:05」と表示されます。

「時：分」の形式で入力したデータは自動的に時刻と認識されます。

## ⇒ 表示形式を変える

❸ 表示形式を変えたいセルを選択して、[セルの書式設定]ダイアログボックスの[分類]から[時刻]を選択します。

❹ [種類]から表示形式を選んで、

❺ [OK]ボタンをクリックします。

## ⇒ 表示形式が変わった

「10時05分」の表示に変わりました。

LESSON 2　日付と時刻の表示形式

## 時刻の記号の意味は何？

65ページで紹介した日付を表す記号と同じように、時刻にも表示形式の記号があります。「時」や「分」を表示する場合にも、日付の「月」「日」と同様に「"」で囲みます。

### 時刻を表す記号（8時3分5秒の場合）

| 記号 | 意味 | 表示 |
| --- | --- | --- |
| h | 時 | 8 |
| hh | 時（2桁） | 08 |
| m | 分 | 3 |
| mm | 分（2桁） | 03 |
| s | 秒 | 5 |
| ss | 秒（2桁） | 05 |
| AM/PM | 12時間表示 | AMまたはPM |

例）

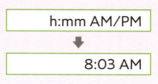

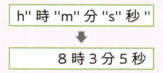

## シリアル値について知っておこう

Excelでは、「日付」と「時刻」は「シリアル値」という数値で管理されています。日付のシリアル値は「1900/1/1」を「1」として、1日ごとに1ずつ増えた数値で表されます。時刻は「0:00」を「0」として、3時間ごとに「0.125」ずつ増えた数値で表されます。このおかげで、Excelの内部では何日経過したか計算したり、日付でデータを並べ替えたりできます。
「日付」や「時刻」の表示形式を変えたあとに、入力時の状態に戻そうとして「標準」を選ぶと、入力時のデータではなく「シリアル値」で表示されるので注意が必要です。シリアル値になってしまった場合も、表示形式を設定し直せば日付や時刻の形式に戻せます。

### 日付・時刻の表示とシリアル値

| 日付 | シリアル値 |
| --- | --- |
| 1900/1/1 | 1 |

| 時刻 | シリアル値 |
| --- | --- |
| 0:00 | 0 |
| 3:00 | 0.125 |
| 6:00 | 0.25 |
| 9:00 | 0.375 |
| 12:00 | 0.5 |
| 15:00 | 0.625 |
| 18:00 | 0.75 |
| 21:00 | 0.875 |
| 24:00 | 1 |

| 日付 | シリアル値 |
| --- | --- |
| 1900/1/2 | 2 |

| 時刻 | シリアル値 |
| --- | --- |
| 0:00 | 0 |
| 3:00 | 0.125 |
| 6:00 | 0.25 |
| 9:00 | 0.375 |
| 12:00 | 0.5 |
| 15:00 | 0.625 |
| 18:00 | 0.75 |
| 21:00 | 0.875 |
| 24:00 | 1 |

……

| 日付 | シリアル値 |
| --- | --- |
| 2025/1/1 | 45658 |

| 時刻 | シリアル値 |
| --- | --- |
| 0:00 | 0 |
| 3:00 | 0.125 |
| 6:00 | 0.25 |
| 9:00 | 0.375 |
| 12:00 | 0.5 |
| 15:00 | 0.625 |
| 18:00 | 0.75 |
| 21:00 | 0.875 |
| 24:00 | 1 |

CHAPTER 3
LESSON 3

＼ひと目でデータが理解できる♪ ／

# 数値の表示形式

https://dekiru.net/ykex24_303

#MOS　#3桁区切りカンマ　#通貨表示形式　#パーセントスタイル　#小数点表示桁上げ／桁下げ

数値データは、リボンに用意されているボタンを使って簡単に見やすい表示にできます。表示を整えるだけで、大量のデータもひと目でわかりやすく分析しやすい資料になります。

知りたい！

## 数値の主な表示形式

数値には、内容に応じたさまざまな表示形式が用意されています。よく使うものとして、3桁ごとにカンマで区切りを入れる「3桁区切りカンマ」、金額を表す￥マークを付ける「通貨表示形式」、割合を示す「パーセントスタイル」、小数点以下の表示桁数を設定する「小数点表示桁上げ／桁下げ」などの表示形式があります。

### 数値の表示形式

|   | A | B | C | D | E | F |
|---|---|---|---|---|---|---|
| 1 | 店舗別売上 | | | | | |
| 2 | | | | | | |
| 3 | | 銀座店 | 横浜店 | 福岡店 | 売上合計 | 構成比 |
| 4 | コーヒー | 96,300 | 86,400 | 80,400 | ¥263,100 | 41.7% |
| 5 | カフェラテ | 34,500 | 48,080 | 48,000 | ¥130,580 | 20.7% |
| 6 | ジュース | 42,600 | 35,900 | 55,600 | ¥134,100 | 21.3% |
| 7 | 紅茶 | 28,200 | 48,000 | 27,000 | ¥103,200 | 16.4% |
| 8 | 合計 | 201,600 | 218,380 | 211,000 | ¥630,980 | 100.0% |

3桁区切りカンマ　通貨表示形式　パーセントスタイル、小数点表示桁上げ

表示のしかたを工夫するだけで、数値データがわかりやすくなったね♪

03-03.xlsx

## [1] 数値に3桁ごとのカンマを付ける

店舗ごとの商品売上の数値に3桁区切りのカンマを付けてみましょう。

➡ カンマを付ける範囲を選択する

❶カンマを付けるセル範囲を選択します。

|   | A | B | C | D | E |
|---|---|---|---|---|---|
| 1 | 店舗別売上 | | | | |
| 3 | | 銀座店 | 横浜店 | 福岡店 | 売上合計 |
| 4 | コーヒー | 96300 | 86400 | 80400 | 263100 |
| 5 | カフェラテ | 34500 | 48080 | 48000 | 130580 |
| 6 | ジュース | 42600 | 35900 | 55600 | 134100 |
| 7 | 紅茶 | 28200 | 48000 | 27000 | 103200 |
| 8 | 合計 | 201600 | 218380 | 211000 | 630980 |

## ➡ ［桁区切りスタイル］をクリックする

❷［ホーム］タブの［桁区切りスタイル］をクリックすると、

❸3桁ごとにカンマが表示されました。

> 数式バーを見ると、元のデータは変わっていないことがわかります。表示形式を設定しても、見た目が変わるだけで入力データの内容は変わりません。

## ［2］ 金額に￥マークと桁区切りカンマを付ける

「通貨表示形式」を使うと、金額に￥マークと桁区切りカンマを同時に付けることができます。

### ➡ 通貨表示にする範囲を選択する

❶通貨表示にするセル範囲を選択します。

### ➡ ［通貨表示形式］をクリックする

❷［ホーム］タブの「通貨表示形式」をクリックすると、

❸￥と桁区切りカンマが表示されました。

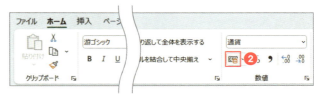

## [3] ％（パーセント）表示にする

割合は％表示にしてわかりやすくしましょう。

### ％表示にしたいセル範囲を選択する

❶ ％表示にするセルを選択します。

### [パーセントスタイル]をクリックする

❷ [ホーム]タブの[パーセントスタイル]をクリックします。

❸ ％表示になりました。

## [4] 小数点第一位まで表示する

小数点以下の表示桁数を増やす（減らす）ことができます。設定した桁数に合わせて四捨五入した値を表示しますが、元の入力データは変わりません。

### 小数点表示の桁数を設定したいセル範囲を選択する

❶ 小数点を設定するセルを選択します。

⇒ **[小数点以下の表示桁数を増やす] ボタンをクリックする**

❷ [小数点以下の表示桁数を増やす] ボタンをクリックします。

❸ 小数点第一位まで表示できました。

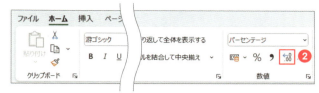

元の数値は「0.41697043」ですが、これを％にすると「42％」となって一の位で自動的に四捨五入されます。ここで小数点以下の表示桁数を増やしたので、「41.7％」となり、小数点第一位が四捨五入された数値になりました。

## [ 5 ] 表示形式を解除する

変更した表示形式を元に戻したいときは、[数値の表示形式] を [標準] にします。ここでは％に変えた表示を元に戻してみましょう。

⇒ **表示形式を解除したいセル範囲を選択する**

❶ 表示形式を解除するセルを選択します。

⇒ **[標準] をクリック**

❷ [数値の書式] の ▼ から [標準] を選択すると、

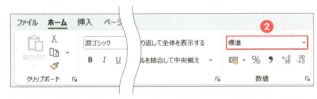

❸ 表示形式が解除され、元の値に戻ります。

\実務で使える便利技♬/
# 電話番号や郵便番号の先頭に「0」を付けたい

### 🡆 文字列として入力する

Excelでは0から始まる数字を入力すると「数値」として認識されるため、先頭の0が自動的に省略されます。電話番号など先頭の0を表示させたい場合は、先頭に「'」(シングルクォーテーション)を付けて入力するか、表示形式を「文字列」にしてから数値を入力します。

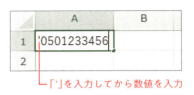
「'」を入力してから数値を入力

 数値を文字列にした場合、「数値が文字列として保存されています」のエラーマーク(▼)がセルの左上に表示されます。なおこのマークは印刷されません。

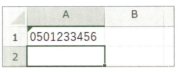
「0」から始まる数値が入力できた

### 🡆 ユーザー定義の表示形式にする

文字列としてではなく、数値のままで「0」から入力したい場合は、ユーザー定義の表示形式を使います。数値としてデータの並べ替えなどを行いたい場合はこの方法を使いましょう。
[セルの書式設定]ダイアログボックスの[表示形式]の[ユーザー定義]をクリックし、[種類]の入力欄に表示させたい桁数分の0(ここでは郵便番号の7桁分)を入力して[OK]ボタンをクリックすると、7桁に満たない数値の先頭には0が表示されます。

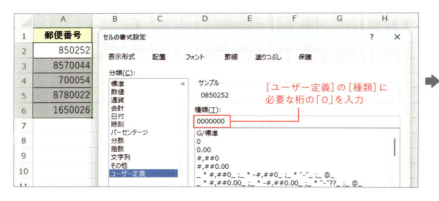
[ユーザー定義]の[種類]に必要な桁の「0」を入力

指定した桁に満たない数値だけ先頭に0が表示された

電話番号のように、固定電話と携帯電話で桁数が違う場合には、[ユーザー定義]で「0###」のように0のあとに#を付けます(※0と#でいちばん大きな桁数(ここでは携帯電話の11桁)になるように入力します)。[OK]ボタンを押すと、先頭に0が付き、そのあとの桁数は入力データに合わせて変動します。

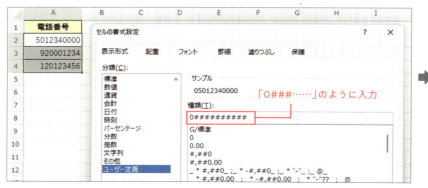
「0###……」のように入力

桁数に関係なく、先頭に0が表示された

## リボンにない表示形式を設定するには？

リボンにボタンが用意されていない表示形式や、複数の設定をまとめて行う場合は、[セルの書式設定]ダイアログボックスの[表示形式]→[分類]から操作します。

[数値]　　負の数の表示形式、小数点以下の桁数、桁区切りを設定できます。

例）

| 数値 | |
|---|---|
| 設定前 | 設定後 |
| 1234 | 1,234 |
| -123 | (123) |
| -5678 | (5,678) |

[通貨]　　負の数の表示形式、小数点以下の桁数、通貨記号を設定できます。

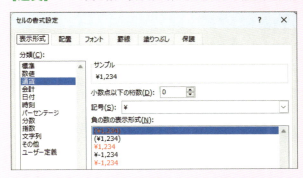

例）

| 通貨 | |
|---|---|
| 設定前 | 設定後 |
| 1234 | ¥1,234 |
| -123 | (¥123) |
| -5678 | (¥5,678) |

[会計]　　小数点以下の桁数、通貨記号を設定できます。
　　　　　[通貨]と違い、桁数に関わらず¥マークの位置が左端で揃います。

例）

| 会計 | |
|---|---|
| 設定前 | 設定後 |
| 124 | ¥　124 |
| -124 | ¥　-124 |
| 12 | ¥　12 |

[分数]　　数値を分数表示にします。

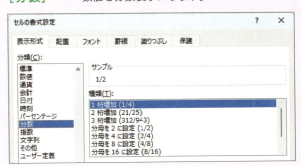

例）

| 分数 | |
|---|---|
| 設定前 | 設定後 |
| 0.5 | 1/2 |
| 0.25 | 1/4 |

## Column

### パソコン上達の近道

パソコン上達のいちばんの近道は、わからないことや知りたいことが出てきたときに、自分で調べて解決する力を身につけることだと思います。

「〇〇したい。でもやり方がわからない」

そんなときは、解説書で探してみるのはもちろん、インターネットの検索サイトで「Excel 〇〇」のように知りたいキーワードで検索してみると、答えにつながる情報や解説動画が見つかります。
とはいえ、操作方法は1つではありませんし、インターネットには古い情報や時には間違った情報も混ざっているので、その中から自分が知りたい答えを選べるようになることも大切です。あふれる情報の中から自分が求めているものをすばやく探し出せるようになるには練習あるのみ。繰り返していくと、だんだんコツがつかめてきます。

そして、もう1つの大切なステップは
「もっとこんな風にできたら便利だけど、方法はあるかな？」
と思えるようになること。

いつも当たり前にやっていることも、
「もしかしたらもっと便利な方法があるかもしれない」
「作業が自動化できたら、時短で正確なうえに自分もラクになる」
というように、ふとした「〇〇できたらいいな」という思いが、作業方法や資料をランクアップさせるきっかけになります。
この場合も、ぜひその願いをかなえてくれる便利な機能や関数がないか探してみてください（よっぽど無茶なお願いでない限り、かなえてくれる方法は意外と見つかります！）。

私も、パソコンスキルが上がったのは、ほかでもないこの「〇〇できたらいいなぁ」がすべての出発点でした。「このやり方しか知らない」「この方法しかない」と思い込んでいると、誰かが教えてくれない限り上達する機会は訪れないのでとてももったいない！
「もっと上手になりたい」「もっとラクに資料を作りたい」とスキルアップすることを楽しむ気持ちが、パソコンに限らず、何ごとも早く楽しく上達するためのいちばん大切なポイントだと思います。ぜひみなさんも、楽しんでくださいね！

楽しみながらやるのがいちばん！

# データの入力と編集方法を覚えよう

Excelでは、たくさんのデータを入力するため
効率よく入力する方法を知っておくとよいでしょう。
また、すばやく連続データを入力したり、あらかじめ用意したリストから
入力できるようにすることで、ミスを減らすこともできます。

CHAPTER 4
LESSON 1

＼効率アップのポイントがあります／

# スムーズな入力と選択方法を知る

#MOS　#セルの移動　#選択範囲　#複数セルの選択　#行・列の選択　#表全体の選択

作業をスムーズに行うためには、セル範囲をすばやく選択したり、対象セルに瞬時に移動したり、効率よく入力する方法を知っておくと便利です。入力するデータが多いときほど効果的です。

知りたい！

## スムーズなセルの選択・移動方法

### 入力する範囲をあらかじめ選択しておくと、Enterキーだけで次の列に移動する

選択範囲の左上から下方向に入力するとき、入力後にEnterキーを押していきます。すると、いちばん下のセルに到達後、次の列の先頭セルに移動できます。

### 入力する範囲をあらかじめ選択しておくと、Tabキーだけで次の行に移動する

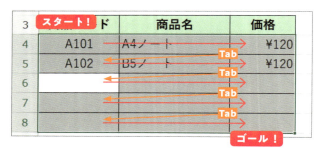

選択範囲の左上から右方向に入力するとき、入力後にTabキーを押していきます。すると、右端のセルに到達後、次の行の左端のセルに移動できます。

### セル移動の基本のキー操作

| キー操作 | セルの動き |
| --- | --- |
| Enter | 下のセルへ移動 |
| Shift + Enter | 上のセルへ移動 |
| Tab | 右のセルへ移動 |
| Shift + Tab | 左のセルへ移動 |

＼このレッスンではほかにもこんなことが学べます／

・離れた複数のセルを選択→78ページ／・行や列を選択→79ページ／・表を選択→80ページ

076

Lesson 1 スムーズな入力と選択方法を知る

04-01_1.xlsx

## [1] 列（縦）方向に入力する

データを入力する範囲をあらかじめ選択しておくと、選択範囲の中でセルが移動するので最後まで続けてデータを入力できます。列（縦）方向に入力する場合は Enter キーで移動します。

### ⇒ 範囲を選択する

❶データを入力する範囲を選択します。

### ⇒ Enter キーで入力セルを移動する

❷データを入力し、Enter キーを押して下のセルに移動していきます。
❸選択範囲のいちばん下のセルにデータを入力して Enter キーで確定すると、
❹選択範囲内で次の列の先頭のセルに移動し、そのまま入力できます。

> 入力ミスした場合に、範囲選択している状態で修正したいセルをクリックすると、選択範囲が解除されてしまいます。クリックではなく Shift + Enter キーを押すと↑（1つ前）のセルに移動するので、入力しなおせます。

04-01_2.xlsx

## [2] 行（横）方向に入力する

行（横）方向に入力する場合は Tab キーで移動します。選択範囲を解除しないで前のセルに戻る場合は、 Shift + Tab キーを押します。

### ⇒ 範囲を選択し、Tab キーで移動する

❶データを入力する範囲を選択し、

❷入力後に Tab キーを押します。

❸右端で Tab キーを押します。

❹次の行の先頭に移動します。

077

04-01_3.xlsx

# [3] 離れたセルを同時に選択し、一括で入力する

複数のセルに同じデータを入力する場合、先にそのセルをまとめて選択しておくことで一括入力できます。離れたセルを同時に選択するにはCtrlキーを押しながらクリックします。

## ⇨ 複数のセルを選択する

❶ 1つめのセルをクリックし、

❷ Ctrlキーを押しながら次のセルをクリックします。

❸ 同様にCtrlキーを押しながら残りのセルもクリックします。

> 間違えて選択した場合もCtrlキーを押しながらクリックするとそのセルの選択を解除できます。

## ⇨ 最後のセルにデータを入力し、Ctrlキーを押しながら確定する

❹ 最後に選択したセルにデータを入力し、

❺ Ctrlキーを押しながらEnterキーを押して入力を確定します。

## ⇨ 離れたセルに同時にデータを入力できた

選択したすべてのセルに入力されます。

> ドラッグして範囲選択した場合も、Ctrlキーを押しながらEnterキーを押して入力を確定すれば、すべてのセルに一括して入力できます。

078

# [4] 行や列を選択する

04-01_4.xlsx

行全体または列全体を選択するときは、選択したい行や列の番号をクリックします。また、複数の行や列を選択する場合は、行番号や列番号をドラッグします。

## ⇒ 行を選択する

❶選択したい行番号にマウスポインターを合わせ、マウスポインターの形が➡になったことを確認します。

❷その状態でクリックすると、
❸行全体を選択できます。

## ⇒ 複数の行を選択する

❶選択したい行番号にマウスポインターを合わせ、マウスポインターの形が➡になったことを確認します。

❷その状態で行番号をドラッグすると、
❸複数の行を選択できます。

## ⇒ 列を選択する

❶選択したい列番号にマウスポインターを合わせ、マウスポインターの形が⬇になったことを確認します。

❷その状態でクリックすると、
❸列全体を選択できます。

> 複数の列を選択する場合は、複数行の場合と同じように選択したい列番号上をドラッグします。

`04-01_5.xlsx`

## [5] 表全体を選択する

表全体をすばやく選択できます。表の内容を一度に消去したい場合などに利用できます。

⇒ **表内のセルを選択し、Ctrl + A キーを押す**

❶ 表の中のセルをクリックし、
❷ Ctrl + A キーを押すと、

❸ 表全体が範囲選択されます。

> 表の中に空白が1行（1列）入っている場合は、Ctrl + A キーを押すとデータが連続入力された範囲まで選択します。

`04-01_6.xlsx`

## [6] ワークシート全体を選択する

ワークシート全体を選択するには Ctrl + A キーを押すか、行列番号の左上角にある ◢ をクリックします。ワークシート全体の書式を一括して変更したい場合などに便利です。

⇒ **表の外のセルを選択し、Ctrl + A キーを押す**

❶ 表の外のセルをクリックし、
❷ Ctrl + A キーを押すと、

❸ ワークシート全体が選択されます。

> 行番号と列番号の左上角にある ◢ をクリックしてもワークシート全体を選択できます。

## 実務で使える便利技♪
# セルA1を選択して保存しよう

保存するときは、「セルA1」を選んだ状態にしておくことをおすすめします。
Excelでは保存したときの選択セルの位置が記憶されます。たとえば下図の❶の状態で保存すると、次にほかの人がファイルを開いたときもこの状態です。❷のようにセルA1を選択した状態で保存しておくと、次にファイルを開いたときにすぐに作業にとりかかれるので親切です。

ワークシートの下のほうのセルを選択して保存すると、次に開いたときもその状態で表示されます。

セルA1を選択して保存しておけば、表見出しが目に入り、すぐに作業開始できます。

## ⇒ すばやくセルA1に移動する

Ctrl + Home キーを押すと、どのセルを選択していても、選択セルがセルA1に移動します。ちなみに、すばやくデータの最後尾のセルを選択したいときは、Ctrl + End キーを押します。なお、テンキーのないキーボードでは Home End は Fn キーと組み合わせます。

大きなデータの場合、項目の行や列が見えないと何のデータかわからず入力ミスにもつながります。画面をスクロールしても、常に項目名を表示させておくことができます（287ページ参照）。

# 選択や移動をスマートにこなすキー操作

## すばやく範囲選択する場合は Shift ＋クリック

最初のセルをクリックして、最後のセルを Shift キーを押しながらクリックすると、その範囲を選択できます。

## 現在のセルを起点に選択する場合は Ctrl ＋ Shift ＋矢印キー

現在のセルを起点にして行や列方向のデータ範囲を選択する場合は、 Ctrl ＋ Shift を押しながら選択したい方向の矢印キーを押します。下の例はセルB5が現在のセルの場合に Ctrl ＋ Shift ＋ ↑↓←→ キーを押した場合に選択される範囲です。

## 行や列の先頭や末尾に移動する場合は Ctrl ＋矢印キー

現在のセルがある表の先頭や末尾に移動したい場合は、 Ctrl キーを押しながら移動したい方向の矢印キーを押します。下の例はセルB5が現在のセルの場合に Ctrl ＋ ↑↓←→ キーを押した場合に移動する先です。

CHAPTER 4
LESSON 2

＼連番・曜日入力や数式コピーもラクラク♪！／

# 連続入力をしよう

#MOS　#オートフィル　#フィルハンドル　#オートフィルオプション

Excelには「オートフィル」という便利な機能があります。データ、数式のコピーや連続入力などが簡単にできるので、大量のデータも一瞬で入力できます。

## 知りたい！ オートフィルでできること

### オートフィルって何？

マウス操作だけで行えるコピーや連続データの入力機能をオートフィルといいます。

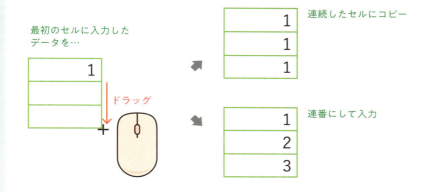

### オートフィルでできること

数字だけでなく、文字や年月日、曜日、文字と数値の組み合わせ、また数式も連続して入力できます。

| | A | B | C | D | E | F | G |
|---|---|---|---|---|---|---|---|
| 1 | 文字 | 年 | 月 | 日付 | 曜日 | 文字＋数値 | 連番 |
| 2 | りんご | 2020年 | 4月 | 4月1日 | 月曜日 | 第1回 | 1 |
| 3 | りんご | 2021年 | 5月 | 4月2日 | 火曜日 | 第2回 | 2 |
| 4 | りんご | 2022年 | 6月 | 4月3日 | 水曜日 | 第3回 | 3 |
| 5 | りんご | 2023年 | 7月 | 4月4日 | 木曜日 | 第4回 | 4 |
| 6 | りんご | 2024年 | 8月 | 4月5日 | 金曜日 | 第5回 | 5 |
| 7 | りんご | 2025年 | 9月 | 4月6日 | 土曜日 | 第6回 | 6 |
| 8 | りんご | 2026年 | 10月 | 4月7日 | 日曜日 | 第7回 | 7 |

❶ データのコピー
❷ 年・月・日付・曜日の連続入力
❸ 文字＋数値データの連続入力
❹ 連番入力
❺ 数式のコピー

| E2 | ✓ | : | × ✓ fx | =C2*D2 | | |
|---|---|---|---|---|---|---|
| | A | B | C | D | E | F |
| 1 | 日付 | 内容 | 数量 | 単価 | 金額 | |
| 2 | 10月1日 | はがき | 5 | 85 | 425 | |
| 3 | 10月8日 | 切手 | 20 | 110 | 2,200 | |
| 4 | 10月25日 | 速達 | 1 | 300 | 300 | |
| 5 | | | | | ❺ | |

オートフィルは使う場面が多く、時短＆効率ＵＰには欠かせないよ♪

083

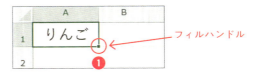

## [1] データをコピーする

まずは基本のオートフィルの使い方を覚えましょう。ここではオートフィルを使って、「データのコピー」をします。オートフィルは、選択しているセルの右下に表示されるフィルハンドルをドラッグして行います。

### ⇒ コピーするセルを選択する

❶データをコピーするセルA1をクリックし、フィルハンドル（■）にマウスポインターを合わせます。

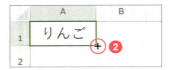

### ⇒ マウスポインターをフィルハンドルに合わせる

❷マウスポインターの形が＋になったことを確認します。

### ⇒ コピーする方向にドラッグする

❸下方向にドラッグします。

### ⇒ 連続コピーできた

文字がドラッグした範囲にコピーされました。

> フィルハンドルを右にドラッグすれば右方向にコピーされます。

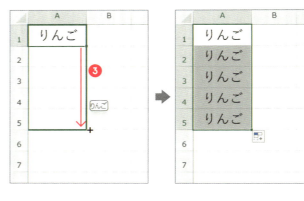

## [2] 年月日を連続して入力する

オートフィルを使って、年や月を連続して入力しましょう。日付も同じ操作で連続入力できます。

### ⇒ 元になるデータを入力する

❶連続入力の元になるデータを入力します。

## ➡ フィルハンドルをドラッグする

❷ 年データのセルA2をクリックし、
❸ フィルハンドル（■）をドラッグします。

## ➡ 連続データを入力できた

ドラッグした範囲に1年ごとの連続した年数が入力されました。

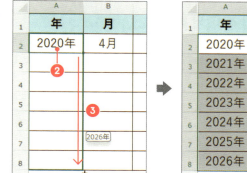

隣接するセルにすでにデータが入力されている場合 ❶、フィルハンドルをダブルクリックすると ❷、隣接するセルと同じ範囲まで（ここではセルB8まで）一度に入力できます。

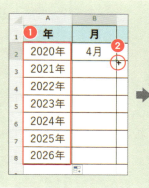

### 実務で使える便利技♪
### 土日を含めずに日付を連続入力する

日付データをオートフィルした後に表示される[オートフィルオプション]をクリックして、連続入力の間隔を ❶「週日単位（土日を除く）」、❷「月単位」、❸「年単位」から選択できます。

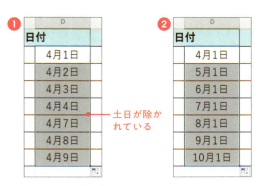

オートフィルオプション

数式バーを見ると年が変わっていることがわかる

`04-02_3.xlsx`

## [3] 複数の項目を連続入力する

複数のセルを選択した状態でフィルハンドルをドラッグ、またはダブルクリックすると、選択した項目をまとめて連続入力できます。

### ⇒ 起点となるセルを選択する

❶ 連続入力の起点となるセルを選択します。

### ⇒ フィルハンドルをドラッグする

❷ フィルハンドルをドラッグすると、
❸ 2つの列でまとめて連続入力できました。

曜日の場合、「曜日」ありでもなしでもどちらでも連続入力できるよ！

`04-02_4.xlsx`

## [4] 連番を入力する

「1、2、3……」のように連続した数値データや「第1回、第2回……」といった文字＋数値のデータもオートフィルで簡単に入力できます。なお、数値の場合はオートフィルオプションで [連続データ] を選ぶ必要があります。

### ⇒ オートフィルオプションで [連続データ] を選択する

❶ オートフィル後に表示されるオートフィルオプションの [連続データ] を選択すると、

❷ 連続データになりました。

連番を入力したいときは、[Ctrl] キーを押しながらフィルハンドルをドラッグするとすぐに連番を入力できるのでオススメです。

## 実務で使える便利技♪
# 5ずつ増える連続データを入力する

1単位ではなく、5や10単位で数値を増やして連続入力したいときは、基準となる2つの数字を入力して、その2つのセルを選択した状態でオートフィルを行います。

### ⇒ 基準となる2つのセルでオートフィルを行う

❶ 連続入力の基準となる2つのセルを選択し、

❷ フィルハンドルをドラッグすると、

❸ 指定した数で増える連続データを入力できました。

> 基準となる2つの数値の差分を計算して、データが入力されます。

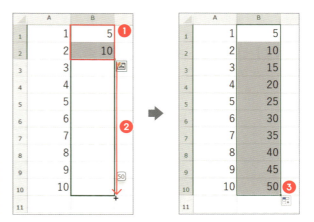

`04-02_5.xlsx`

## [5] 数式を連続して入力する

オートフィルを使うと数式もコピーでき、コピーしたセルに合わせた計算結果が表示されます。数式や関数を1つ入力したら、残りの式はオートフィルで一気に入力しましょう。ここではセルE2に入力された数式をセルE4までコピーします。

### ⇒ 数式の入ったセルのフィルハンドルをドラッグする

❶ 数式の入ったセルのフィルハンドルをドラッグすると、

❷ 数式がコピーされ、コピー先のデータに合わせた計算結果が表示されました。

> 「=C2*D2」という式をコピーしたのに、それぞれの計算結果が正しく表示されるのは、Excelの「相対参照」というしくみのおかげです。詳しくは146ページで解説しています。

＼実務で使える便利技♬／

# オリジナルの連続データを作る

全国の支店名一覧など、連続して入力する内容や順番が決まっている場合は、あらかじめ登録しておくことでオートフィルで連続入力できるようになります。また、オートフィル以外にも並べ替えなどで利用することもできます（210ページ）。

## ➡ ［ユーザー設定リスト］にオリジナルのリストを登録する

❶［ファイル］タブ→［オプション］→［詳細設定］→［ユーザー設定リストの編集］をクリックします。

❷［ユーザー設定リスト］ダイアログボックスが表示されるので、［追加］ボタンをクリックします。

❸［リストの項目］に項目を入力して、

項目は改行ごとに1データとなります。また、リストの順番が連続入力時の順番になります。

❹［追加］ボタンをクリックして、

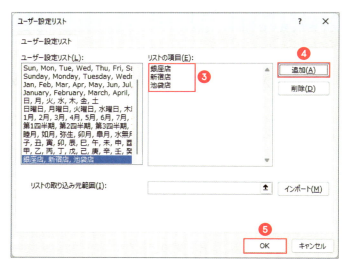

❺［OK］ボタンをクリックします。

❻［Excelのオプション］に戻ったら［OK］ボタンをクリックします。

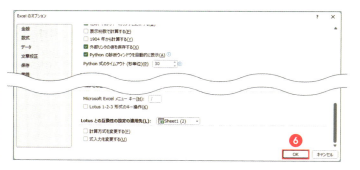

あとはセルにリストの項目を入力してオートフィルを行うと、リストの内容で連続入力できます。

088

LESSON 2 連続入力をしよう

> 実務で使える便利技 ♬

## オートフィルで表の見た目が崩れないようにする

罫線やセルの塗りつぶしなど、表の見た目を整えたあとでオートフィルを使った場合、見た目が崩れる場合があります。これは、コピー元の書式も一緒にコピーされたためです。

➡ 曜日のオートフィルを行うと…      ➡ セルの色までコピーされる

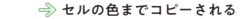

この場合は、オートフィルオプションから［書式なしコピー］を選ぶと、元の書式に戻ります。

➡ ［書式なしコピー］を選択      ➡ 元の表示に戻る

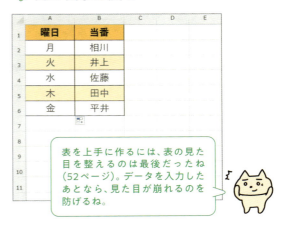

> 表を上手に作るには、表の見た目を整えるのは最後だったね（52ページ）。データを入力したあとなら、見た目が崩れるのを防げるね。

> もっと知りたい！

## オートフィルオプションでできること

オートフィルオプションを使うと、コピー後に入力データの表示や内容を変更できます。

❶ セルのコピー：セルをそのままコピーします。

❷ 連続データ：連続したデータとして入力します。

❸ 書式のみコピー（フィル）：セルの色やフォントの種類などの書式だけをコピーします。すでにデータが入力済みのセルに書式のみコピーすると、データは変えずに書式だけ適用できます。

❹ 書式なしコピー：データのみコピーされ、セルに設定された書式はコピーされません。

❺ 連続データ（日単位）：1日単位で日付を入力します。

❻ 連続データ（週日単位）：土日を省いた日付を入力します。

❼ フラッシュフィル：フラッシュフィル機能を適用します（99ページ）。

CHAPTER 4
LESSON 3

\ よく使う機能No.1！ /
# データの移動・コピー・貼り付け

https://dekiru.net/
ykex24_403

#MOS  #コピー  #切り取り  #貼り付け  #クリップボード

同じ表をもう1つ作ったり、場所を移動したり、効率よく入力や編集をするためにはデータの移動やコピー、貼り付けの操作が欠かせません。また、行や列全体のコピーや移動、コピーの履歴から選んで貼り付ける方法も知っておくと便利です。

知りたい！

## データの移動、コピー、貼り付けの基本

### データを移動したい

セルやセル範囲を選択して、「切り取り」をしてから「貼り付け」します。

移動したいセルを切り取り、

移動先に貼り付けます。移動したので元の場所からはなくなっています。

### データをコピーしたい

セルやセル範囲を選択して、「コピー」してから「貼り付け」します。

複製したいセルをコピーして、

貼り付けます。コピーしたので元の場所にも残っています。

### 切り取りとコピー、貼り付けのボタンとショートカットキー

切り取りやコピー、貼り付けといった操作は[ホーム]タブの[クリップボード]グループのボタンから行えます。使用頻度の高い操作なので、ショートカットキーで操作するのがおすすめです。

[ホーム]タブの[クリップボード]グループ

| 機能 | キー |
|---|---|
| 切り取り | Ctrl + X |
| コピー | Ctrl + C |
| 貼り付け | Ctrl + V |

ショートカットキー

X C V のキーはこの順番で並んでいるので、ショートカットキーだとスムーズに操作できるよ

# ［1］ データを移動する

04-03_1.xlsx

データの場所を移動したいときは、移動したいセル範囲を切り取って、移動先のセルに貼り付けます。ここではセルD3からセルD5のデータを、セルB5からセルB7に移動します。

## ⇨ 移動したいセル範囲を選択して［切り取り］をする

❶ データを移動する範囲を選択し、
❷ Ctrl + X キーを押します。

## ⇨ 移動先のセルを選択して［貼り付け］をする

❸ 切り取るセル範囲が点線で囲まれたことを確認します。
❹ 移動先の先頭のセルをクリックし、

>  移動先はセル範囲ではなく、「先頭のセル」だけをクリックします。

❺ Ctrl + V キーを押します。

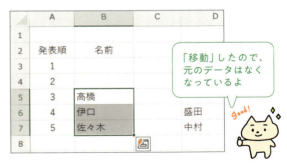

## ⇨ データが移動した

データが移動しました。

>  ［ホーム］タブの［切り取り］ボタンと［貼り付け］ボタンからも同じ操作ができます。

「移動」したので、元のデータはなくなっているよ

> 選択したセルの枠をドラッグして移動することもできます。セルの枠にマウスポインターを合わせて、マウスポインターの形が になったタイミングでドラッグします。なお、Ctrl キーを押しながらドラッグするとコピーになります。

❶ 枠にマウスポインターを合わせて、

❷ ドラッグして移動

091

04-03_2.xlsx

## [2] データをコピーする

セルを複製するときは、セル範囲を選択してコピーし、コピー先のセルに貼り付けます。ここではセルD4からセルD6をセルB3からセルB5にコピーします。

### ⇒ 移動したいセル範囲を選択して[コピー]をする

❶ データを移動する範囲を選択し、
❷ Ctrl + C キーを押します。

### ⇒ コピー先のセルを選択して[貼り付け]をする

❸ コピーしたセル範囲が点線で囲まれたことを確認します。
❹ コピー先の先頭のセルをクリックし、
❺ Ctrl + V キーを押します。

###  ⇒ データがコピーされた

データがコピーされます。

> 「コピー」の場合、貼り付けたあともコピー元の範囲が点滅しています。このとき、続けて別の場所にコピーしたデータを連続して貼り付けることができます。範囲選択の点滅は、ほかの操作をするか Esc キーを押すと解除されます。

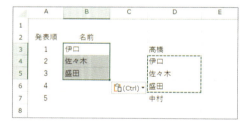

---

＼実務で使える便利技♬／

## コピーの履歴から貼り付けたい！

コピーは「新しくコピーしたデータ」しか残っていないと思われがちですが、実は「クリップボード」という場所にコピーした履歴が残っています。「何回か前にコピーしたデータを貼り付けたい」「先にまとめて連続コピーしておきたい」という場合に役立ちます。クリップボードは ⊞ + V キーで開きます。ここにこれまでコピーしたデータが一覧されるので、貼り付け先をクリックしてからクリップボードのデータをクリックします❶。

 関連動画
クリップボードの
使いこなし

## [3] 行や列を移動する

04-03_3.xlsx

行全体や列全体も移動できます。切り取り後は、「貼り付け」ではなく「切り取ったセルの挿入」をすることで、もともとあった列の間に切り取ったセルが割り込む形で移動します。ここではB列をA列に移動します。行の場合も同様の操作となります。

### ⇒ 移動したい列を選択し、[切り取り]をする

❶ 移動する列番号をクリックし、
❷ Ctrl + X キーを押します。

### ⇒ 移動先の列に挿入する

❸ 移動先の列番号を右クリックし、
❹ [切り取ったセルの挿入]をクリックすると、
❺ もともとあった列の左に挿入されます。

## [4] 行や列をコピーする

04-03_4.xlsx

行全体や列全体をコピーするには、行番号や列番号を右クリックして「コピーしたセルの挿入」を行います。ここでは例として6行目をコピーして4行目に挿入します。列の場合も同様の操作となります。

### ⇒ 複製したい行を選択し、[コピー]をする

❶ コピーする行番号をクリックし、
❷ Ctrl + C キーを押します。

### ⇒ コピー先の行に挿入する

❸ コピーした行を挿入したい行番号を右クリックし、
❹ [コピーしたセルの挿入]をクリックします。
❺ 手順❸で右クリックした行の上に挿入されます。

CHAPTER 4 LESSON 4

＼ほしい情報だけコピーできる！／

# 便利なコピー＆貼り付けを活用しよう

https://dekiru.net/ykex24_404

#MOS　#形式を選択して貼り付け　#値の貼り付け　#書式の貼り付け　#行列の入れ替え

通常のコピーはセルの書式や数式などすべてのデータを含みますが、「計算結果の値だけ」「色や罫線など書式だけ」「列幅だけ」といったように、ほしい情報だけ選んでコピー＆貼り付けできます。

知りたい！

## コピー＆貼り付けの使いこなし

### 計算結果（値）だけコピーしたい！

通常のコピー＆貼り付けの場合

| | A | B | C | D |
|---|---|---|---|---|
| 1 | 内容 | 数量 | 単価 | 金額 |
| 2 | 日替わり | 180 | 800 | ¥144,000 |
| 3 | | | | |
| 4 | | | | ¥0 |

コピー＆貼り付け

「値」のコピー＆貼り付けの場合

| | A | B | C | D |
|---|---|---|---|---|
| 1 | 内容 | 数量 | 単価 | 金額 |
| 2 | 日替わり | 180 | 800 | ¥144,000 |
| 3 | | | | |
| 4 | | | | 144000 |

コピー＆貼り付け

数式が入力されたセルをコピーして貼り付けると、セル参照がずれてしまいます。また、元のセルに設定された書式もそのままコピーされます。

数式が入力されていたり書式が設定されていたりしても、計算結果の値だけをコピーできます。

### 書式だけコピーしたい！

上の表の書式を下の表にも適用

| | A | B | C | D |
|---|---|---|---|---|
| 1 | 内容 | 数量 | 単価 | 金額 |
| 2 | 日替わり | 180 | 800 | ¥144,000 |
| 3 | | | | |
| 4 | 内容 | 数量 | 単価 | 金額 |
| 5 | カレー | 150 | 600 | 90000 |

→

データはそのままで書式だけ貼り付けできた

| | A | B | C | D |
|---|---|---|---|---|
| 1 | 内容 | 数量 | 単価 | 金額 |
| 2 | 日替わり | 180 | 800 | ¥144,000 |
| 3 | | | | |
| 4 | 内容 | 数量 | 単価 | 金額 |
| 5 | カレー | 150 | 600 | ¥90,000 |

たとえば既存の表のデザインやデータの表示形式などの書式だけをほかの表にも適用したい場合は、書式だけコピー＆貼り付けすることができます。

### 表の行と列を入れ替えてコピーしたい！

| | A | B | C | D |
|---|---|---|---|---|
| 1 | 内容 | 数量 | 単価 | 金額 |
| 2 | 日替わり | 180 | 800 | ¥144,000 |
| 3 | カレー | 150 | 600 | ¥90,000 |
| 4 | | | | |
| 5 | 内容 | 日替わり | カレー | |
| 6 | 数量 | 180 | 150 | |
| 7 | 単価 | 800 | 600 | |
| 8 | 金額 | ¥144,000 | ¥90,000 | |

コピー＆貼り付け

作成済みの表の行と列を入れ替えたい場合も、コピー＆貼り付けの機能を使うと1クリックでできます。

積極的にコピー＆貼り付けを活用することで、一から作業するよりも簡単で時短になるよ！

＼このレッスンではほかにもこんなことが学べます／

・列幅を変えずに表をコピー→96ページ
・列幅だけをコピー→97ページ

094

LESSON 4 便利なコピー&貼り付けを活用しよう

04-04_1.xlsx

## [1] 「値」をコピーする

セルに設定された色などの書式や数式はコピーしたくないときに、セルの「値」だけをコピーできます。ここでは例として表の色や罫線は含めず、データだけをコピーします。

### ⇒ 範囲を選択してコピーする

❶コピーしたい範囲を選択し、
❷Ctrl + C キーを押します。

コピーの操作は通常と変わりません。

### ⇒ [貼り付け]から[値]を選択する

❸コピー先のセルをクリックします。
❹[ホーム]タブの[貼り付け]の ▼ をクリックし、
❺[値]をクリックします。

### ⇒ 「値」のみ貼り付けられた

コピーしたセルの「値」だけが貼り付けられました。

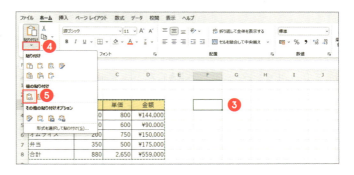

### 「値」って何？

「値」のコピーでは、元のセルに入力された「数式」ではなく、「計算結果のデータ」だけが貼り付けられます。元のセルに設定された書式（罫線や色、通貨の形式など）は、コピーされません。

コピー元のセルに入力されているのは「=B4*C4」

貼り付けられたのは「144000」という計算結果の「値」

## [2] 「書式」をコピーする

04-04_2.xlsx

あるセルに設定されている書式を別のセルにも適用したいときは、「書式」だけコピーして貼り付けます。ここでは、3月売上の表に設定された書式を、4月売上の表にコピーします。

### ⇒ セル範囲を選択して［書式のコピー/貼り付け］をクリックする

❶書式をコピーしたい範囲を選択し、
❷［ホーム］タブの［書式のコピー/貼り付け］をクリックします。

### ⇒ 貼り付け先をクリックする

❸マウスポインターの形が🞢🖌になったことを確認し、
❹貼り付け先の先頭のセルをクリックします。

### ⇒ 「書式」のみ貼り付けられた

コピーした3月売上表の「書式」のみ貼り付けられました。

> 「書式」だけをコピーしたので、4月売上の入力データは変わりません。

## [3] 列幅を変えずに表をコピーする

04-04_3.xlsx

表をコピーしても、列幅まではコピーされません。列幅も含めてコピーすると、貼り付けたあとに列幅を別で調整する必要がなく便利です。ここでは通常の貼り付けをしたあとに、貼り付け方法を選んでみましょう。ここでは例としてセルA3からセルD8の表の列幅を保ったままコピーします。

### ⇒ 範囲を選択してコピーする

❶列幅をコピーしたい範囲を選択し、
❷ Ctrl + C キーを押します。

## ➡ 貼り付けたあとで、[貼り付けのオプション]から[列幅]を選択する

❸ 貼り付け先のセルをクリックして、Ctrl + V キーを押します。
❹ [貼り付けのオプション]をクリックして、
❺ [元の列幅を保持]を選択します。

> [貼り付けのオプション]にはない貼り付け方法は、[形式を選択して貼り付け]ダイアログボックスから選べます（下の「実務で使える便利技」参照）。

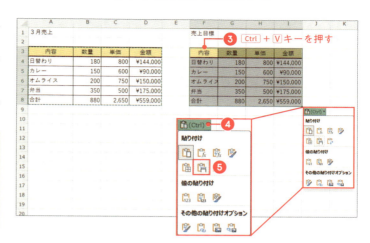

## ➡ 列幅を変えずに貼り付けられた

コピーした表と同じ列幅で貼り付けられました。

「列幅」もコピーできたので、そのまま表が使えるね！

---

### 実務で使える便利技♪
## 「列幅だけ」をコピーしたい

すでに作成済みの表の列幅を、ほかの表の列幅と揃えたい場合もあります。そういうときは「列幅だけ」をコピーして貼り付けることができます。

列幅をコピー　　　　　　　　　　　　　貼り付け

## ➡ [形式を選択して貼り付け]から[列幅]を選択する

列幅をコピーしたい表を選択してコピーし、貼り付け先の先頭を選択したら、❶[貼り付け]→[形式を選択して貼り付け]をクリックします。
❷[列幅]を選択して、
❸[OK]ボタンをクリックします。

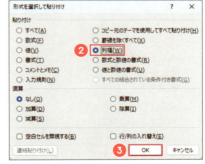

097

# [4] 行と列を入れ替えてコピーする

04-04_4.xlsx

「項目の縦と横を入れ替えた表」も貼り付けの方法を選ぶだけで簡単に作成できます。

## ➡ 範囲を選択してコピーする

❶ 行列を入れ替えたい範囲を選択し、
❷ Ctrl + C キーを押します。

## ➡ 貼り付け先をクリックし、[貼り付け]→[行/列の入れ替え]をクリックする

❸ 貼り付け先のセルをクリックします。
❹ [貼り付け]の ⌄ をクリックして、
❺ [行/列の入れ替え] をクリックします。

## ➡ 行と列を入れ替えられた

コピー元の表の「行」と「列」を入れ替えた状態で貼り付けられました。

## 「貼り付け」の種類

リボンの[貼り付け]の ⌄ をクリックして選択できる貼り付けの種類をまとめました。

❺ 罫線なし
罫線以外

❻ 元の列幅を保持
貼り付け＋列幅

❼ 行/列の入れ替え
行と列を入れ替えて貼り付け

❽ 値
値のみ（数式の場合は計算結果）

❾ 値と数値の書式
値と数値の書式（数値以外の書式は含まない）

❿ 値と元の書式
値と元の書式

⓫ 書式設定
書式のみ

⓬ リンク貼り付け
コピー元のセルとデータがリンク

⓭ 図
コピーを画像として貼り付け

⓮ リンクされた図
コピーを画像として貼り付け（コピー元のセルとデータがリンク）

❶ 貼り付け
セルの内容と書式すべて

❷ 数式
数式のみ

❸ 数式と数値の書式
数式と数値の書式

❹ 元の書式を保持
（同じブックの場合）貼り付けと同じ

CHAPTER 4

\大量データも「秒」で入力！/

# LESSON 5 データを分割・結合する

#フラッシュフィル　#分割　#抜き出し　#結合

「名前」データを「姓」と「名」に分けたり、郵便番号のハイフンを付けたり、取ったり……。データの分割や結合、特定の文字を付ける（取る）などの操作は「フラッシュフィル」にお任せ！ 難しい関数を使わずに、大量のデータも一瞬で処理できます。

知りたい！

## フラッシュフィルでできること

### データの「分割」「抜き出し」

| | A | B | C | D |
|---|---|---|---|---|
| 1 | No | 名前 | 姓 | 名 |
| 2 | 1 | 河村　圭太 | | |
| 3 | 2 | 山下　美穂 | | |
| 4 | 3 | 里中　真理子 | | |
| 5 | 4 | 野々村　祥子 | | |
| 6 | 5 | 本田　茉奈 | | |

→

| | A | B | C | D |
|---|---|---|---|---|
| 1 | No | 名前 | 姓 | 名 |
| 2 | 1 | 河村　圭太 | 河村 | 圭太 |
| 3 | 2 | 山下　美穂 | 山下 | 美穂 |
| 4 | 3 | 里中　真理子 | 里中 | 真理子 |
| 5 | 4 | 野々村　祥子 | 野々村 | 祥子 |
| 6 | 5 | 本田　茉奈 | 本田 | 茉奈 |

「名前」を「姓」と「名」に分けます。

### データの「結合」

| | A | B | C | D |
|---|---|---|---|---|
| 1 | No | 姓 | 名 | 名前 |
| 2 | 1 | 河村 | 圭太 | |
| 3 | 2 | 山下 | 美穂 | |
| 4 | 3 | 里中 | 真理子 | |
| 5 | 4 | 野々村 | 祥子 | |
| 6 | 5 | 本田 | 茉奈 | |

→

| | A | B | C | D |
|---|---|---|---|---|
| 1 | No | 姓 | 名 | 名前 |
| 2 | 1 | 河村 | 圭太 | 河村　圭太 |
| 3 | 2 | 山下 | 美穂 | 山下　美穂 |
| 4 | 3 | 里中 | 真理子 | 里中　真理子 |
| 5 | 4 | 野々村 | 祥子 | 野々村　祥子 |
| 6 | 5 | 本田 | 茉奈 | 本田　茉奈 |

「姓＋スペース＋名」の形でデータを結合します。

### データの「追加」「削除」

| | A | B | C | D |
|---|---|---|---|---|
| 1 | 郵便番号 | 〒あり | ハイフンなし | |
| 2 | 174-0044 | | | |
| 3 | 243-0035 | | | |
| 4 | 085-0252 | | | |
| 5 | 857-0044 | | | |
| 6 | 838-1317 | | | |

→

| | A | B | C | D |
|---|---|---|---|---|
| 1 | 郵便番号 | 〒あり | ハイフンなし | |
| 2 | 174-0044 | 〒174-0044 | 1740044 | |
| 3 | 243-0035 | 〒243-0035 | 2430035 | |
| 4 | 085-0252 | 〒085-0252 | 0850252 | |
| 5 | 857-0044 | 〒857-0044 | 8570044 | |
| 6 | 838-1317 | 〒838-1317 | 8381317 | |

郵便番号に〒マークを付けたり、ハイフンを削除したりできます。

フラッシュフィルは、それぞれ「入力の法則」を見つけられることが大事なポイントだよ！ 法則についてもこのあと説明するよ。

`04-05_1.xlsx`

# [1] データの分割・抜き出しをする

住所録の「名前」データを「姓」と「名」に分けます。まず見本となるデータを入力し、[フラッシュフィル]ボタンをクリックすると、残りのデータも同じ法則で入力されます。

## ⇒ 見本となるデータを入力する

❶ セルC2に「河村」と入力します。

> ここでは抜き出したい「姓」の見本となる「河村」を入力しています。

## ⇒ 見本のセルを選択して、[フラッシュフィル]をクリックする

❷ 見本のセルC2をクリックして、
❸ [データ]タブの[フラッシュフィル]をクリックします。

― ショートカットキー ―
フラッシュフィル：Ctrl + E

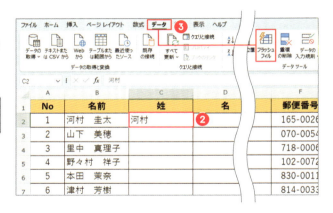

## ⇒ すべての名前から「姓」を抜き出せた

すべての名前から「姓」を抜き出せました。

> 「姓」と同じように「名」も見本を入力してから[フラッシュフィル]をクリックすると抜き出せます。

> 実務で使える便利技♪

# オートフィルからフラッシュフィルを行う

フラッシュフィルは、オートフィル（83ページ）からも行えます。やり方は簡単です。見本となるデータを入力後、オートフィルを行って、[オートフィルオプション] ❶ で [フラッシュフィル] ❷ をクリックするだけです。自分の慣れた操作から行いましょう。

|   | A | B | C | D | E |
|---|---|---|---|---|---|
| 1 | No | 名前 | 姓 | 名 | フリガナ |
| 2 | 1 | 河村　圭太 | 河村 | 圭太 | カワムラ　ケイタ |
| 3 | 2 | 山下　美穂 | 山下 | 圭太 | ヤマシタ　ミホ |
| 10 | 9 | 松本　隆司 | 松本 | 圭太 | マツモト　タカシ |
| 11 | 10 | 佐藤　裕美 | 佐藤 | 圭太 | サトウ　ヒロミ |

オートフィルオプション：
- セルのコピー(C)
- 書式のみコピー (フィル)(F)
- 書式なしコピー (フィル)(O)
- **フラッシュ フィル(F)** ❷

> もっと知りたい！

## フラッシュフィルは「法則」が大切

フラッシュフィルを使うには、「入力の法則」を正しく見つけることが大切です。左ページの例では、「名前」の姓と名の間にスペースが入っているので、見本として入力したデータから、「姓」には『名前データのスペースより前』、「名」には『名前データのスペースより後』を入力する、という法則をExcelが見つけ出し、その法則によってフラッシュフィルで自動入力されています。では、もしスペースで区切られていない名前にフラッシュフィルを使うとどうなるでしょうか？

|   | A | B | C | D |
|---|---|---|---|---|
| 1 | No | 名前 | 姓 | 名 |
| 2 | 1 | 河村圭太 | 河村 | 圭太 |
|   |   | 1 2 3 4 | 1 2 | 3 4 |

この場合は、最初の2文字を抜き出すのが法則と認識される

上の例の場合、まず「姓」に入力した見本「河村」を見て、Excelは「名前から最初の2文字を抜き出す」のが法則であると認識します。そして「名」は「名前から3文字目以降を抜き出す」というのが法則になります。そのため、4番の野々村さんは「野々」「村祥子」と分割されました。

|   | A | B | C | D |
|---|---|---|---|---|
| 1 | No | 名前 | 姓 | 名 |
| 2 | 1 | 河村圭太 | 河村 | 圭太 |
| 3 | 2 | 山下美穂 | 山下 | 美穂 |
| 4 | 3 | 里中真理子 | 里中 | 真理子 |
| 5 | 4 | 野々村祥子 | 野々 | 村祥子 |
|   |   | 1 2 3 4 5 | 1 2 | 3 4 5 |

法則に基づくと、本来は「野々村」「祥子」とすべき名前が「野々」「村祥子」となってしまう

> 法則が正しく見つけられない場合は、フラッシュフィルを使っても思ったような結果は出ないんだね。

04-05_2.xlsx

## [2] データを「結合」する

データの分割とは逆に、別々のデータを1つに結合することもできます。ここでは「姓」と「名」に分けて入力されたデータを「姓＋スペース＋名」の形で結合して「名前」に入力してみましょう。

### ⇨ 見本となるデータを入力する

❶セルD2に「河村　圭太」と入力します。

### ⇨ [フラッシュフィル]を実行する

❷100ページと同様にフラッシュフィルを実行すると、

❸「姓」と「名」の間にスペースを入れた形でデータの結合ができました。

04-05_3.xlsx

## [3] データを「追加」、「削除」する

郵便番号の先頭に〒マークを付けたり、郵便番号からハイフンを削除したり、フラッシュフィルを使うとデータの追加や削除といった操作もできます。

### ⇨ 見本データを入力して、フラッシュフィルを実行する

❶セルB2に「〒174-0044」と入力し、

❷フラッシュフィルを実行すると、

❸郵便番号の先頭に〒マークが付きました。

102

## 「〒」「-」を削除するときは注意が必要

郵便番号の「ハイフン」を除いた状態で見本を入力し❶、フラッシュフィルを実行すると、このような結果になります❷。

| | A | B | C |
|---|---|---|---|
| 1 | 郵便番号 | 〒あり | ハイフンなし |
| 2 | 174-0044 | 〒174-0044 ❶ | 1740044 |
| 3 | 243-0035 | 〒243-0035 | |
| 4 | 085-0252 | 〒085-0252 | |
| 5 | 857-0044 | 〒857-0044 | |
| 6 | 838-1317 | 〒838-1317 | |
| 7 | 070-0054 | 〒070-0054 | |
| 8 | 878-0022 | 〒878-0022 | |
| 9 | 872-0518 | 〒872-0518 | |
| 10 | 165-0026 | 〒165-0026 | |

→

| | A | B | C |
|---|---|---|---|
| 1 | 郵便番号 | 〒あり | ハイフンなし |
| 2 | 174-0044 | 〒174-0044 ❷ | 1740044 |
| 3 | 243-0035 | 〒243-0035 | 2430035 |
| 4 | 085-0252 | 〒085-0252 | 850252 |
| 5 | 857-0044 | 〒857-0044 | 8570044 |
| 6 | 838-1317 | 〒838-1317 | 8381317 |
| 7 | 070-0054 | 〒070-0054 | 700054 |
| 8 | 878-0022 | 〒878-0022 | 8780022 |
| 9 | 872-0518 | 〒872-0518 | 8720518 |
| 10 | 165-0026 | 〒165-0026 | 1650026 |

郵便番号の桁数が足りないのがあるね……

郵便番号や電話番号など「0」から始まる数字の場合、フラッシュフィルを使ってハイフンなしの数値のみのデータにすると、先頭の0が自動で省略されます。これはExcelの仕様なので、先頭の0を表示させたい場合は、入力データを「数値」ではなく「文字列」として扱う必要があります。
文字列として扱うには、あらかじめセルを選択して[数値の書式]を[文字列]にしておきます。または、データの前に「'」を付けても文字列となります（詳しい解説は72ページを参照してください）。

「'」を付けて数字を文字列にすると、先頭の「0」が残る

C2 = '1740044

| | A | B | C |
|---|---|---|---|
| 1 | 郵便番号 | 〒あり | ハイフンなし |
| 2 | 174-0044 | 〒174-0044 | 1740044 |
| 3 | 243-0035 | 〒243-0035 | 2430035 |
| 4 | 085-0252 | 〒085-0252 | 0850252 |
| 5 | 857-0044 | 〒857-0044 | 8570044 |
| 6 | 838-1317 | 〒838-1317 | 8381317 |
| 7 | 070-0054 | 〒070-0054 | 0700054 |
| 8 | 878-0022 | 〒878-0022 | 8780022 |
| 9 | 872-0518 | 〒872-0518 | 8720518 |
| 10 | 165-0026 | 〒165-0026 | 1650026 |

電話番号や郵便番号の先頭の「0」が消えると困るので注意だね！

CHAPTER 4
LESSON 6

\入力ミスも防げて便利！/

# 決まった項目を選択肢から選ぶ

https://dekiru.net/ykex24_406

#プルダウンリスト　#データの入力規則

商品コードなどいつも決まったデータを入力するときは、プルダウンリスト（ドロップダウンリストともいいます）から選べるようにできます。入力がラクなのはもちろん、入力ミスを防げるメリットもあります。

知りたい！

## プルダウンリストとは？

### リストから選んで入力できる

シート上などに別途用意したリストを元に、選択肢から入力できます。アンケートのように決まった選択肢から選ばせたい場合や、入力ミスを防ぎたい場合などに活用できます。

プルダウンリストから選択肢をクリックして入力できる

手で入力した場合 → プルダウンリストで入力した場合

全角や半角が混ざってしまうなどの入力ミスも、プルダウンリストから選択すれば防げる

---

04-06_1.xlsx

## [1] プルダウンリストを作成する

プルダウンリストは、「プルダウンリストで入力したいセル範囲」と「選択肢となるセル範囲」をそれぞれ指定する必要があります。ここではセルB3～セルB10を「プルダウンリストで入力したいセル範囲」、セルD3～セルD7を「選択肢となるセル範囲」にします。

### ⇨ プルダウンリストで入力したい範囲を選択する

❶ プルダウンリストから入力できるようにしたい範囲を選択します。

104

## ⇨ ［データの入力規則］ダイアログボックスを表示する

❷［データ］タブの［データの入力規則］の ⌵ から［データの入力規則］をクリックします。

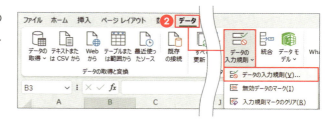

## ⇨ ［入力値の種類］から［リスト］を選ぶ

❸［入力値の種類］の ⌵ から［リスト］を選びます。

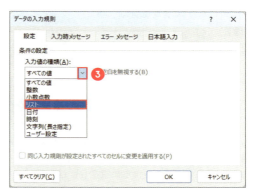

## ⇨ 選択肢にする範囲を設定する

❹［元の値］の入力欄をクリックして、カーソルを表示させ、

❺ 選択肢にしたい範囲をドラッグすると、

❻［元の値］にリストにする範囲が表示されるので、

❼［OK］ボタンをクリックします。

［元の値］は別のシートも設定できます。このあと説明します。

## ⇨ プルダウンリストが設定された

プルダウンリストを設定したセルに、設定した範囲が選択肢として表示されました。

---
**ショートカットキー**

プルダウンリストを開く：
（セルを選択して）
[Alt]＋[↓]でリストを表示、[Enter]で確定

---

04-06_2.xlsx

## [2] ほかのシートの選択肢をプルダウンリストにする

上の例では、プルダウンリストの選択肢は同じシートから参照させましたが、実務ではほかのシートにあるリストを選択肢にすることもあります。ここでは「出金伝票」シートの「科目」に、「伝票科目リスト」シートのデータをプルダウンリストとして表示するように設定しましょう。

### ⇨ ［データの入力規則］ダイアログボックスの［元の値］をクリックする

❶ プルダウンリストを設定したい範囲を選択します。
❷ ［データの入力規則］ダイアログボックスを表示し、［入力値の種類］を［リスト］にして、
❸ ［元の値］の入力欄をクリックします。

### ⇨ シートを切り替えて選択肢にする範囲を設定する

❹ ［伝票科目リスト］シートをクリックし、

❺ 選択肢にする範囲をドラッグして、
❻ ［OK］ボタンをクリックします。

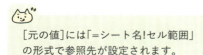

［元の値］には「＝シート名!セル範囲」の形式で参照先が設定されます。

# 別シートの選択肢をプルダウンリストにできた

［伝票科目リスト］シートの選択肢をプルダウンリストに表示できました。

## 実務で使える便利技♪

### 選択肢が少ないときはリストの直接入力がおすすめ

選択肢は、［データの入力規則］ダイアログボックスに直接入力して設定することもできます。「○」「×」のように選択肢が少ない場合や、シート上にリストを作りたくない場合はこの方法をおすすめします。

❶［データの入力規則］ダイアログボックスの［元の値］にカンマ（,）で区切って選択肢を入力して、

> プルダウンリストに上から表示させる順番で入力します。

❷［OK］ボタンをクリックします。

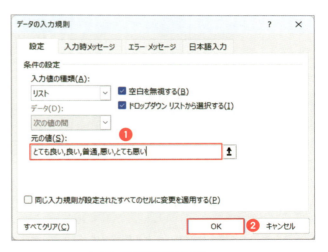

❸ リストが設定できました。

04-06_3.xlsx

## [3] 選択肢を修正する

参照している選択肢のデータを変更すると、プルダウンリストに表示される選択肢も変更されます。なお、選択肢を修正する前に入力してあったデータは自動的には更新されません。変更が必要な場合は、選択肢から選びなおしましょう。

### ⇨ 選択肢のデータを修正する

❶ 選択肢のデータを変更します。

### ⇨ プルダウンリストが修正された

プルダウンリストが設定されたセルをクリックすると、選択肢が変わっています。

選択肢を[データの入力規則]ダイアログボックスの[元の値]に直接入力した場合は、[元の値]のデータを修正します。

04-06_4.xlsx

## [4] 選択肢を追加する

選択肢を追加する場合は設定したセル範囲が広がるので、参照先がずれてしまいます。そのため、選択肢の範囲を設定し直す必要があります。ここでは選択肢を追加するところから操作してみましょう。

### ⇨ 選択肢を追加する

❶ 選択肢のリストに項目を追加します。

この状態でプルダウンリストを確認しても、「研修費」はまだ追加されていません。

### ⇨ プルダウンリストが設定された範囲を選択する

❷プルダウンリストが設定された範囲を選択します。

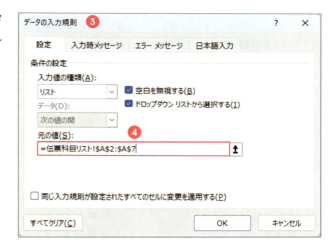

### ⇨ ［データの入力規則］ダイアログボックスの［元の値］をクリックする

❸105ページの手順❷を参考に［データの入力規則］ダイアログボックスを表示して、

❹［元の値］の入力欄をクリックします。

### ⇨ 選択肢の範囲を修正する

❺現在の範囲が点線で囲まれたことを確認し、

❻範囲を選択し直したら、

> ［元の値］が「＝科目リスト！$A$2:$A$8」になったことを確認しましょう。

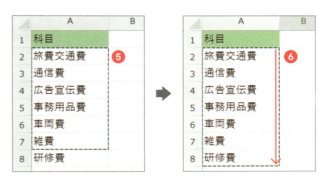

❼［データの入力規則］ダイアログボックスの［OK］ボタンをクリックします。

次ページへ続く　109

→ **選択肢に追加された**

追加した項目がプルダウンリストから選べるようになりました。

| | A | B | C | D |
|---|---|---|---|---|
| 1 | 日付 | 科目 | 内容 | 金額 |
| 2 | 4月1日 | 旅費交通費 | JR○○駅～○○駅 | ¥640 |
| 3 | 4月3日 | 事務用品費 | 消しゴム | ¥120 |
| 4 | 4月5日 | 事務用品費 | ノート | |
| 5 | 4月7日 | | | |
| 6 | | 旅費交通費 | | |
| 7 | | 通信費 | | |
| 8 | | 広告宣伝費 | | |
| 9 | | 事務用品費 | | |
| 10 | | 車両費 | | |
| 11 | | 雑費 | | |
| | | 研修費 | | |

\実務で使える便利技♫/
## 選択肢の範囲を変更せずに項目を追加する

リストに追加や削除があるたびに、[元の値]の参照範囲を変更するのは大変です。そういう場合に使えるテクニックの1つが参照範囲を「列」全体で指定する方法です。[元の値]で範囲を指定するときに、範囲選択ではなく、列番号の上でクリックすると❶、その列全体を参照範囲として指定できるので❷、データの増減にも対応できます。なお、これ以外にリストをテーブルにするテクニックもあります。テーブルについてはCHAPTER 9のLESSON 8で解説しています。

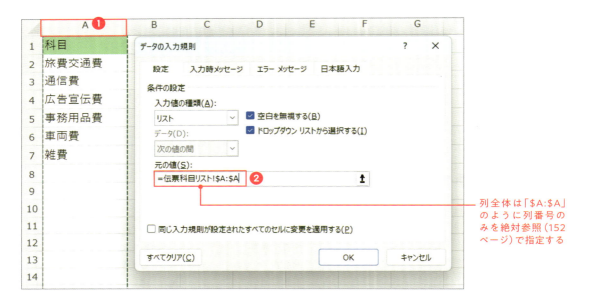

列全体は「$A:$A」のように列番号のみを絶対参照（152ページ）で指定する

列で指定する場合は以下のような注意点があります。

・先頭セル（左の例ではセルA1）にタイトルなどリスト以外のデータを入力しない
・リストの途中に空白セルを入れない
・その列にはリスト以外のデータを入力しない
・列指定した場合、プルダウンリストの最後に空白が表示される

\ 実務で使える便利技 ♪ /
## プルダウンリストを設定したセルをすべて選択する

選択肢の追加や削除をする場合、まずプルダウンリストを設定したセルを選択しますが、設定した範囲が大きかったり、複数の列に設定していたりと、もれなく選択するのが難しい場合があります。そのときに便利なのが、同じプルダウンリストを設定したセルすべてに一括で変更を反映させる方法です。

### ⇨ プルダウンリストが設定されたセルを選択する

❶ プルダウンリストが設定されたセルをクリックします。

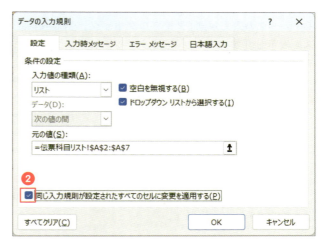

### ⇨ ［データの入力規則］ダイアログボックスで同じ設定をすべて選択する

❷ ［データの入力規則］ダイアログボックスの［同じ入力規則が設定されたすべてのセルに変更を適用する］にチェックを入れると、

❸ 手順❶で選択したセルと同じプルダウンリストが設定されたセルが選択されます。

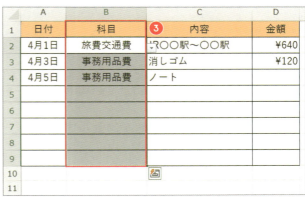

これで、設定したセルの選択もれがないよ！あとはリストの追加や削除をしよう。

04-06_5.xlsx

## [5] プルダウンリストを解除する

設定したプルダウンリストが不要な場合は解除しましょう。プルダウンリストを解除しても、入力されたデータは残ります。

### ⇒ プルダウンリストを設定したセルを選択する

❶ プルダウンリストが設定されたセルを選択します。

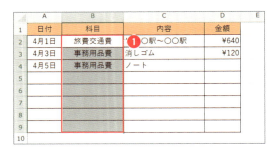

### ⇒ [データの入力規則]ダイアログボックスでクリアする

❷ [データの入力規則]ダイアログボックスを表示し、[すべてクリア]をクリックして、

❸ [OK]ボタンをクリックします。

> プルダウンリストから入力済みのデータはクリアされずに残ります。

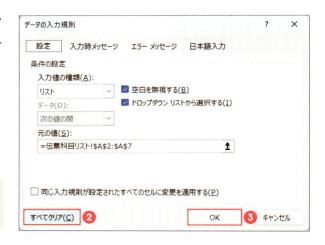

04-06_6.xlsx

## [6] 選択肢にないデータを入力する

プルダウンリストを設定したセルに、選択肢にない文字を入力しようとするとエラーメッセージが表示されて入力できません。選択肢にないデータを入力したい場合は、エラーを停止させます。

### ⇒ エラーメッセージをキャンセルする

❶ エラーメッセージの[キャンセル]ボタンをクリックします。

> この例では、入力した「その他」という項目が選択肢にないためエラーメッセージが表示されています。

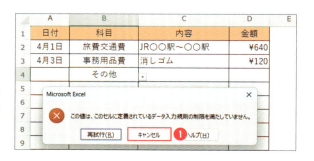

### ➡ プルダウンリストを設定したセルを選択する

❷ プルダウンリストが設定されたセルを選択します。

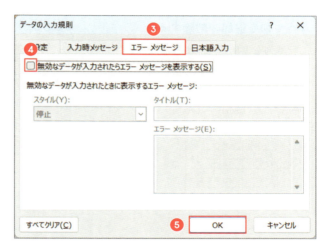

### ➡ [データの入力規則]ダイアログボックスでエラーメッセージを非表示にする

❸ [データの入力規則]ダイアログボックスを表示し、[エラーメッセージ]タブをクリックします。

❹ [無効なデータが入力されたらエラーメッセージを表示する]のチェックを外し、

❺ [OK]ボタンをクリックします。

## もっと知りたい！

### データの入力時の確認メッセージ

選択肢にないデータを入力しようとしたときに、注意喚起のメッセージを出すことができます。また、このメッセージの内容は自由に設定できます。[データの入力規則]ダイアログボックスの[エラーメッセージ]タブで、[スタイル]を[注意]にして❶、[タイトル]にエラーメッセージのタイトル❷、[エラーメッセージ]に具体的な注意文を入力し❸、[OK]ボタンをクリックします。

選択肢にないデータを入力しようとすると、設定した内容のメッセージが表示されて、入力するかどうか選択できます。[はい]をクリックすると入力が確定し、[いいえ]をクリックすると入力し直しになります。

CHAPTER 4
LESSON 7

＼あとから修正できます／

# 行・列・セルの追加と削除

#MOS　#挿入　#追加　#削除　#挿入オプション

表の間に行や列を追加したり、不要な行や列を削除したりできます。このとき、追加や削除の操作によってデータは全体的に上下または左右にスライドしますが、行や列単位で追加や削除をするとほかの表に影響が出る場合は、セルの追加（削除）で表を部分的に修正します。

## 知りたい！ どのように使い分ければよい？

### 行や列を追加／削除する

行や列を追加／削除すると、追加／削除した分だけ行全体／列全体がずれます。そのため、シート内のほかの表に影響がないか確認してから操作しましょう。

**行や列の追加**

行番号4と5の間に行を追加

行番号5に空白行が挿入され、元の5行目の内容が行番号6に移動

挿入位置を基点に全体が下（列を挿入した場合は右）にずれます。

**行や列の削除**

行番号5を削除

元の行番号5にあった内容が、元の行番号6の内容に置き換わる

削除した行以降が上（列を削除した場合は左）にずれます。

### セルを追加／削除する

行や列を追加／削除するとほかの表に影響してしまう場合は、セル単位で追加／削除します。

この範囲にセルを挿入

指定した範囲にセルが挿入（削除）され、その部分だけ上下左右にずらせる

114

# [ 1 ] 行や列を追加する

04-07_1.xlsx

行や列を追加するには、追加したい行（列）番号を右クリックして、表示されたメニューから［挿入］をクリックします。ここでは、B列の「名前」とC列の「評価」間に「点数」の列を追加しましょう。

## ⇨ 追加したい列番号を右クリックする

❶列を追加したいC列の列番号を右クリックします。

複数の行・列を挿入するには、行番号や列番号をドラッグして複数選択してから操作します。

## ⇨ 表示されたメニューの［挿入］をクリックする

❷表示されたメニューの［挿入］をクリックします。

**ショートカットキー**
行・列の挿入：
（行・列を選択して）Ctrl + +

## ⇨ C列に列が追加された

C列に列が追加されました。

C列に1列追加したことで、元のC列以降のデータ全体が右にずれています。また、自動的に左の列の書式（色や罫線）が引き継がれます。

---

**やってみよう！**

1行目と2行目の間に行を追加してみましょう。

行を追加する2行目の行番号を右クリックし、［挿入］をクリックすると2行目が追加される

> 実務で使える便利技♪

# 引き継ぐ書式を変えたいとき

列や行を追加すると、左または上の列・行の書式が引き継がれます。追加した列の右（行の場合は下）の書式にしたいときは、[挿入オプション]ボタン❶をクリックして、列の場合は[右側と同じ書式を適用]❷、行の場合は[下と同じ書式を適用]にしましょう。また、書式をなしにしたい場合は[書式のクリア]をクリックします。

挿入した列に、右側の列と同じ書式が適用されました。

`04-07_2.xlsx`

## [2] 行や列を削除する

行や列を削除するには、追加したい行（列）番号を右クリックして、表示されたメニューから[削除]をクリックします。ここでは、8行目を削除しましょう。なお、行や列を削除ではなく一時的に非表示にすることもできます（138ページ）。

### ⇒ 削除したい行番号を右クリックして、[挿入]をクリックする

❶削除したい8行目の行番号を右クリックし、
❷[削除]をクリックします。

複数の行・列を削除するには、行番号や列番号をドラッグして複数選択してから操作します。

──ショートカットキー──
行・列の削除：
（行・列を選択して）[Ctrl]＋[－]

###  ⇒ 8行目が削除された

8行目が削除されました。

8行目を削除したことで、元の8行目以降のデータが全体的に上にずれています。

LESSON 7　行・列・セルの追加と削除

04-07_3.xlsx

## [3] セルを追加または削除する

行や列単位で追加や削除をすると、ほかの表のレイアウトが崩れてしまう場合があります。その場合は、セル単位で追加または削除をしましょう。ここでは、右の表に影響を与えずに、左の表の6行目に1行追加しましょう。

### ⇒ セルを追加するセル範囲を選択する

❶ 追加したいセル範囲（セルA6からセルD6）をドラッグし、

### ⇒ 右クリックで［挿入］をクリックする

❷ 選択範囲を右クリックして、［挿入］をクリックします。

> 削除の場合は［削除］をクリックします。

― ショートカットキー ―
セルの追加／削除：
（セル範囲を選択して）[Ctrl] + [+]/[-]

### ⇒ シフト（移動）する方向を選ぶ

❸［挿入］ダイアログボックスが表示されるので、［下方向にシフト］をクリックして、

❹［OK］ボタンをクリックします。

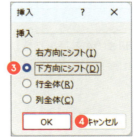

> ここでは、セルの挿入後に、今選択しているデータをどの方向にシフトするかを選びます。削除の場合も考え方は同じです。

### ⇒ セルが追加された

セルが追加されました。選択していたセルは「下方向」にシフトしています。行ではなくセルを追加したので、右の表には影響していません。

## 練習問題

04_rensyu.xlsx

### 問題1：下のような当番表を作成しましょう

|   | A | B | C | D | E | F | G | H |
|---|---|---|---|---|---|---|---|---|
| 1 | 当番表 | | | | | | | |
| 2 | | | | | | | | |
| 3 | | 月 | 火 | 水 | 木 | 金 | | 坂本 |
| 4 | 応接室 | | | | | | | 高橋 |
| 5 | 会議室 | | | | | | | 野村 |
| 6 | 給湯室 | | | | | | | 平井 |
| 7 | トイレ | | | | | | | 本田 |
| 8 | 廊下 | | | | | | | 宮城 |
| 9 | | | | | | | | |

曜日はオートフィルを使って連続入力します。

### 問題2：セルB4からセルF8までの範囲にプルダウンリストを設定しましょう

|   | A | B | C | D | E | F | G | H |
|---|---|---|---|---|---|---|---|---|
| 1 | 当番表 | | | | | | | |
| 2 | | | | | | | | |
| 3 | | 月 | 火 | 水 | 木 | 金 | | 坂本 |
| 4 | 応接室 | ▼ | | | | | | 高橋 |
| 5 | 会議室 | 坂本 | | | | | | 野村 |
| 6 | 給湯室 | 高橋 | | | | | | 平井 |
| 7 | トイレ | 野村<br>平井 | | | | | | 本田 |
| 8 | 廊下 | 本田 | | | | | | 宮城 |
| 9 | | 宮城 | | | | | | |

リストにはセルH3からセルH8までの範囲を指定します。

> 表作りについてはCHAPTER 2、プルダウンリストについてはCHAPTER 4のLESSON 6を参考にしてやってみよう！

# 表の見た目を整えよう

データの入力や編集方法がわかったら、
見た目を整えて、伝わりやすい表に仕上げましょう。
ここでは、セル内で文字を折り返したり縮小したりする方法や、
効率的に罫線を引く方法などを紹介します。

CHAPTER 5 LESSON 1

＼ タイトルや項目を目立たせる ／

# 基本の書式を知る

#MOS　#書体　#文字サイズ　#太字　#斜体　#下線　#塗りつぶしの色　#文字の色　#配置

入力が終わったら、文字の大きさを変えたりセルに色を付けたりして見た目を整えます。まずはよく使う基本の書式設定を使って、わかりやすく伝わる表にしましょう。

## 知りたい！ 「書式」ってなに？

「書式」とは、文字に設定する書体（フォント）や色、セルに設定する色や罫線などの飾りのことです。書式には下に挙げたようなさまざまな種類があります。データをただ入力しただけの表より、書式を整えた表のほうが見た目もよく、伝わる資料になります。

### 書式の例

| 書体の種類 | 文字サイズ | 太字・斜体・下線 | 塗りつぶしの色 | 文字の色 | 配置 |
|---|---|---|---|---|---|
| 明朝体 | 11pt | **太字** | 緑 | 緑 | 左揃え |
| ゴシック体 | 14pt | *斜体* | 紫 | 紫 | 中央揃え |
| 丸ゴシック体 | 16pt | 下線 | オレンジ | オレンジ | 右揃え |

### 基本の書式設定は［ホーム］タブの［フォント］［配置］から行う

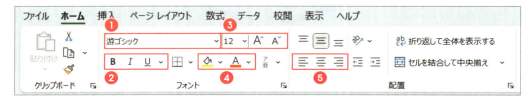

**❶ フォントの種類**
現在のセルに設定されているフォントが表示されます。▼をクリックするとほかのフォントを一覧から選択できます。

**❷ 太字・斜体・下線**
ボタンをクリックすると、現在のセルの書式を変更できます。下線の▼から二重下線も選べます。

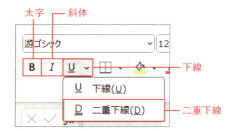

**❸ フォントのサイズ**
現在のセルに設定されているフォントサイズが表示されます。▼をクリックするとほかのサイズを一覧から選択できます。また、右側にある［A］ボタンをクリックすると少しずつ拡大・縮小できます。

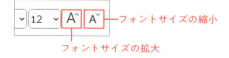

**❹ セルの塗りつぶし、フォントの色**
セルを塗りつぶす色、文字の色を設定できます。

**❺ 文字の配置**
セルの幅に対する文字の水平方向の配置を設定できます。

## [1] 書体（フォント）を変える

05-01_1.xlsx

文字に対しての書式設定は、[ホーム]タブの[フォント]グループにあるボタンから行います。ここでは、セルA1に入力したタイトルの「書体」を「HGP明朝B」に変えてみましょう。

### ⇒ セルを選択して、フォント一覧から書体を選ぶ

❶ セルA1をクリックし、
❷ [ホーム]タブの[フォント]の▼をクリックし、
❸ フォント一覧から[HGP明朝B]をクリックします。

> セルを選択すると、❷の欄に現在設定されているフォントが表示されます。

### ⇒ フォントが変わった

ゴシック体だったフォントが明朝体になりました。

---

## [2] 文字のサイズを変える

05-01_2.xlsx

セルA1に入力したタイトルの「文字サイズ」を「14ポイント」に変えます。

### ⇒ セルを選択して、文字サイズを選ぶ

❶ セルをクリックし、
❷ [フォントサイズ]の▼から[14]をクリックします。

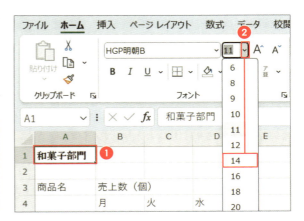

> 一覧にないサイズは[フォントサイズ]のボックスに直接入力して設定します。

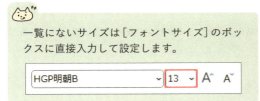

### ⇒ 文字サイズが変わった

11ポイントから14ポイントになり、サイズが大きくなりました。

05-01_3.xlsx

# [3] 文字を太字にする

項目名を太字にして目立たせましょう。ここではセルA3からセルH4の表の見出し部分を太字にします。

### ⇒ セルを選択して、[太字]ボタンをクリックする

❶ 太字にしたい範囲（セルA3からセルH4）をドラッグし、

❷ [ホーム]タブの[太字]ボタン B をクリックします。

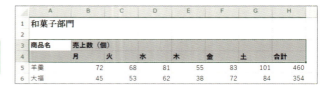

###  ⇒ 太字になった

選択した部分が太字になりました。

> **やってみよう！**
> セルA5からA9も太字にしてみましょう。

> [太字]ボタンの隣にあるボタンは[斜体] I 、[下線] U です。ボタンの絵柄から内容がイメージしやすくなっています。

> 同じ書式を複数のセルに設定するなど、同じ操作を繰り返すときは、ぜひ F4 キーを活用しましょう。F4 キーを押すと「直前の操作」を繰り返すので、1つめの設定をしたら、次からは同じ設定をしたいセルを選んで F4 キーを押すだけで、同じ設定を何度でも繰り返せて時短になります。あくまでも「直前の操作」を繰り返すので、別の操作をはさまず、同じ操作は全部続けてやるのがおすすめです。

> **ショートカットキー**
> ・太字： Ctrl + B　・下線： Ctrl + U
> ・斜体： Ctrl + I

---

05-01_4.xlsx

# [4] セルの色を変える

項目名のセルに色を付けて、わかりやすくしましょう。ここではセルA3からセルH4の表の見出し部分のセルを薄い黄色で塗りつぶします。

### ⇒ セルを選択して、[塗りつぶしの色]から色を選ぶ

❶ 設定したい範囲（セルA3からセルH4）を選択し、

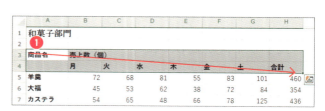

122

Lesson 1 基本の書式を知る

❷ [ホーム] タブの [塗りつぶしの色] の  をクリックすると、

❸ カラーパレットが表示されるので、好きな色をクリックして選びます。

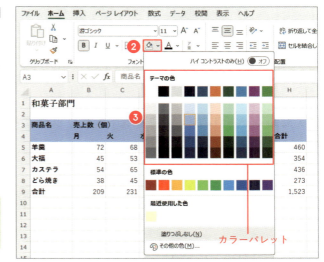

5 表の見た目を整えよう

> 手順❸で [塗りつぶしなし] をクリックすると、設定した色が解除されます。

**やってみよう！**

同じように、セルA5からセルA9の項目名にも同じ色を付けましょう。

＜ヒント＞
直前に設定した色が [塗りつぶしの色] に表示されるので、この場合は [塗りつぶしの色] ボタンをクリックするだけです。

> 手順❸で [その他の色] をクリックすると、[標準] タブにさらに詳細な色見本が出てくるので、カラーパレットにない色はここから選ぶことができます。ここでは薄い黄色を選びました。

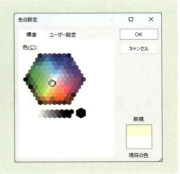

`05-01_5.xlsx`

## [5] 文字の色を変える

ここではセルA1のタイトル文字に色を付けて目立たせます。

### ➡ セルを選択して、[フォントの色] から色を選ぶ

❶ セルをクリックし、

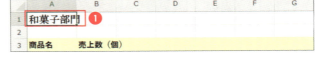

❷ [ホーム] タブの [フォントの色] の  をクリックし、

❸ カラーパレットから好きな色をクリックして選びます。

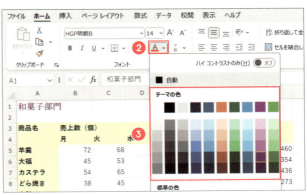

> 手順❸で [自動] をクリックすると、設定した色が解除されます。

123

05-01_6.xlsx

# [6] 文字の配置を設定する

ここではセルB4～セルH4の「月」～「合計」の文字をセルの中央に配置します。文字の配置は[ホーム]タブの[配置]グループにボタンが用意されています。

## ➡ セルを選択して、[中央揃え]をクリックする

❶設定するセル範囲を選択し、

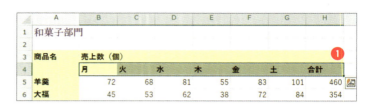

❷[ホーム]タブの[配置]グループにある[中央揃え]≡をクリックすると、

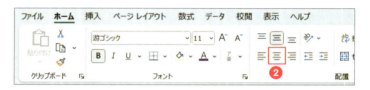

## ➡ セルの左右中央に揃った

セルの左右の中央に揃いました。

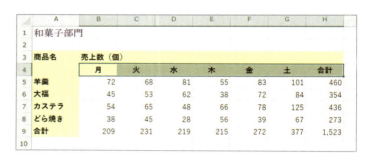

---

文字の配置は、セルに対して垂直方向・水平方向にそれぞれ設定できます。下図の❶～❸が垂直方向、❹～❻が水平方向の配置になります。

❶ 上揃え
❷ 上下中央揃え
❸ 下揃え
❹ 左揃え
❺ 中央揃え
❻ 右揃え

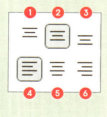
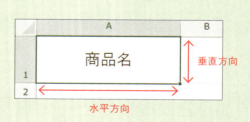

CHAPTER 5

LESSON 2

＼複数のセルを1つにまとめます／

# セルを結合する

https://dekiru.net/ykex24_502

#MOS　#セルを結合して中央揃え　#選択範囲内で中央

複数のセルを1つのセルにすることを「セルの結合」といいます。タイトルを表の中央に配置したり、複雑なレイアウトの表を作ったりするときに使います。

## 知りたい！

### 複数のセルを1つにまとめる

左右や上下に隣り合ったセル同士を繋げることができます。複数の行や列にまたがった表見出しを作りたい場合などに活用します。

**複数のセルを選択して結合すると、セルが1つになり、文字が中央に配置される**

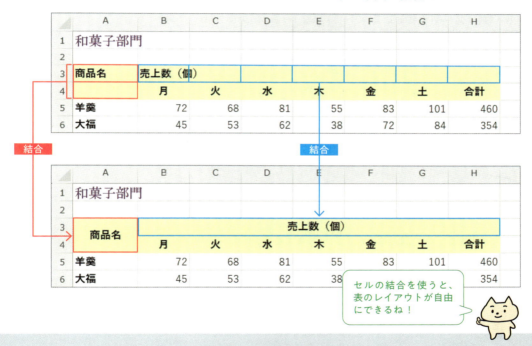

セルの結合を使うと、表のレイアウトが自由にできるね！

05-02_1.xlsx

## [1] セルを結合する

「売上数（個）」を月〜合計までの横幅の中央に配置するために、セルを結合します。

### ➡ 結合するセルを選択する

❶結合したいセルB3からセルH3を選択します。

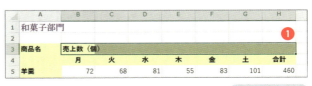

次ページへ続く　125

## ［セルを結合して中央揃え］をクリックする

❷［ホーム］タブの［セルを結合して中央揃え］をクリックします。

## セルが結合されて文字が中央に配置された

選択した複数のセルが1つになり、文字が中央に配置されました。

**やってみよう！**
セルA3からセルA4を結合して、「商品名」をセルの中央に配置しましょう。

結合したセルを選択し、［セルを結合して中央揃え］をクリックすると結合が解除されます。

項目名が見やすくなって、レイアウトも整ったね。

**もっと知りたい！**

## 結合の種類

［セルを結合して中央揃え］の▼をクリックすると、セルの結合方法を選べます。それぞれの内容を知っておいて使い分けられるようにしましょう。

選択した複数のセルにそれぞれ文字が入っている場合、セルを結合すると注意メッセージが表示され、［OK］ボタンをクリックすると左上の文字だけ残ります。

**元の表**

| 11 | 新商品 | 発売日 |
|---|---|---|
| 12 | 季節の菓子 | 9月5日 |
| 13 | 和栗のどら焼き | 9月18日 |
| 14 | さつまいもケーキ | 9月24日 |

❶［セルを結合して中央揃え］

| 11 | 新商品 | 発売日 |
|---|---|---|
| 12 | 季節の菓子 | 9月5日 |
| 13 | 和栗のどら焼き | 9月18日 |
| 14 | さつまいもケーキ | 9月24日 |

選択した複数セルを結合し、文字を中央に配置します。

❷［横方向に結合］

| 11 | 新商品 | 発売日 |
|---|---|---|
| 12 | 季節の菓子 | 9月5日 |
| 13 | 和栗のどら焼き | 9月18日 |
| 14 | さつまいもケーキ | 9月24日 |

選択した範囲のセルを「横方向にのみ」結合します。文字の配置は変わりません。

❸［セルの結合］

| 11 | 新商品 | 発売日 |
|---|---|---|
| 12 | 季節の菓子 | 9月5日 |
| 13 | 和栗のどら焼き | 9月18日 |
| 14 | さつまいもケーキ | 9月24日 |

選択した複数セルを結合します。文字の配置は変わりません。

LESSON 2　セルを結合する

＼実務で使える便利技♫／
## 結合せずに選択範囲の文字を中央揃えにしたい！

セルの結合は便利ですが、結合して1つのセルにしてしまうと困る場合があります。たとえば表の途中に結合したセルがあると、データの並べ替えがうまくできません。その場合は、セルを結合せずに、指定した範囲の中で文字を中央に配置する方法があります。

### ⇒ ［セルの書式設定］ダイアログボックスで［文字の配置］を設定する

❶文字を中央に配置したい範囲を選択し、

❷［配置］グループのダイアログボックス起動ボタン🔲をクリックして［セルの書式設定］ダイアログボックスを開きます。

❸［文字の配置］の［横位置］から［選択範囲内で中央］を選んで、

❹［OK］ボタンをクリックします。

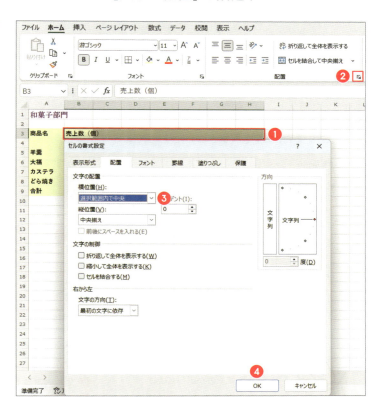

### ⇒ 結合せずに中央に配置できた

セルB3に入力された「売上数（個）」がセルB3からセルH3の中央に配置されました。セルの結合をせず、文字だけ選択した範囲の中央に配置しています。「売上数（個）」のデータはセルB3に入力されていることがわかります。

---
ショートカットキー
［セルの書式設定］ダイアログボックスを表示する：Ctrl + 1
---

縦方向にはこの方法は使えないので注意してね。

127

CHAPTER 5
LESSON 3

＼さらに見た目を整えたい／

# 文字の表示をもっと自在に

#MOS　#文字の折り返し　#セル内の改行　#縦書き　#文字の縮小　#ふりがな

Excelではセルの中にデータを入力するので、「はみ出した文字をセルに収めたい」「縦書きにしたい」「セルの中で改行したい」など、データをきれいに表示するための方法を覚えておくと便利です。また、ふりがなの表示や、字下げ、取り消し線も設定できます。

知りたい！

## セルからはみ出した文字を調節したい

セルからはみ出した文字を、セルの中で改行したり、セル幅に合うように自動で縮小したりして調節します。また、文字を縦書きにしたり、漢字にふりがなを振ったりもできます。

これを……　　　　　　　　　　こうする！

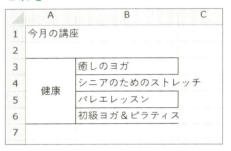

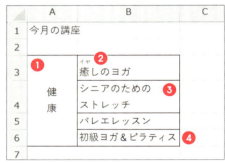

列の幅を変えても問題ない場合は、136ページを参考に幅を広げるのが原則だよ。

❶ 文字を縦書きにする
❷ ふりがな（ルビ）を振る
❸ セル内で改行する
❹ セルの幅に合わせて文字を縮小する

＼ このレッスンではほかにもこんなことが学べます ／

・字下げ（インデント）を設定する　→133ページ

---

05-03_1.xlsx

## [1] セル内で文字を折り返す

セルから文字がはみ出した場合、セルの中で文字を折り返して全体を表示できます。ここではセルB4の「シニアのためのストレッチ」を折り返して表示させます。

▶ セルを選択する

❶折り返しを設定したいセルを選択します。

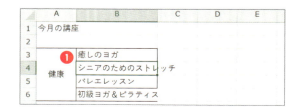

## ➡ ［折り返して全体を表示］をクリック

❷ ［ホーム］タブの［折り返して全体を表示する］をクリックします。

## ➡ セルの中で文字が折り返した

セルの幅に合わせて文字が折り返し、複数行で表示されました。

> 折り返すと、行の高さが自動的に広がります。

---

\ 実務で使える便利技♫ /
## 好きな位置で改行する

文字を自動で折り返すと、改行の位置が調節できません。セル内の好きな位置で改行するには、改行したい位置にカーソルを表示させ、[Alt]＋[Enter]キーを押します。

## ➡ 改行したい位置にカーソルを表示し、[Alt]＋[Enter]キーを押す

❶ セルをダブルクリックして、改行したい位置にカーソルを移動し、

❷ [Alt]キーを押しながら[Enter]キーを押すと、

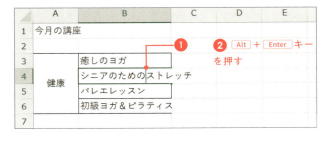

## ➡ 好きな位置で改行できた

カーソルの位置で改行できました。

## [2] 文字を縮小してセル内に収める

05-03_2.xlsx

複数行にしたくない場合は、文字を縮小して全体を表示させます。ここではセルB6の「初級ヨガ＆ピラティス」を縮小してセルの幅に収めます。

### ⇒ セルを選択し、[セルの書式設定]ダイアログボックスを表示する

❶セルB6を選択し、

❷127ページの手順❷を参考に［セルの書式設定］ダイアログボックスを表示します。

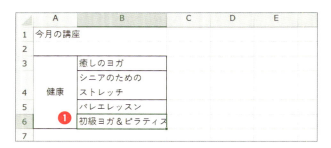

### ⇒ [縮小して全体を表示する]にチェックを入れる

❸［縮小して全体を表示する］にチェックを入れて、

❹［OK］ボタンをクリックします。

手順❸で、少しの縮小なら「縮小して全体を表示」、縮小すると文字が小さくなりすぎる場合は「折り返して全体を表示」などと使い分けるのがポイントです。

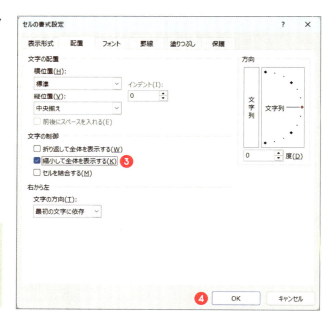

### ⇒ セルの幅に合わせて縮小された

セルの幅に合わせて縮小して表示されました。

130

# [3] セル内で縦書きにする

05-03_3.xlsx

文字を縦書きにしたいときは、文字の方向を変えます。ここではセルA3からセルA6を結合して入力された「健康」を縦書きにします。

## ⇒ 設定するセルを選択し、[縦書き]をクリックする

❶ セルA3を選択し、

❷ [ホーム]タブの[方向]の▼から[縦書き]をクリックします。

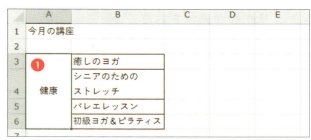

## ⇒ 縦書きになった

できた！

文字が縦書きになりました。

# [4] ふりがなを表示する

05-03_4.xlsx

漢字にふりがなを表示できます。ふりがなは「ひらがな」「全角カタカナ」「半角カタカナ」を選べるほか、手動で修正もできます。ここではセルB3の「癒しのヨガ」の漢字にふりがなを表示します。

## ⇒ 設定するセルを選択する

❶ セルB3を選択します。

次ページへ続く   131

### ⇒ [ふりがなの表示/非表示]をクリックする

❷[ホーム]タブの[ふりがなの表示/非表示]をクリックします。

### ⇒ ふりがなが表示された

漢字にふりがなが表示されました。

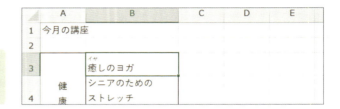

> 再度[ふりがなの表示/非表示]をクリックすると、ふりがなは非表示になります。

---

\ 実務で使える便利技♫ /

## ふりがなの種類を変えたり、修正したりする

ふりがなはカタカナやひらがなを選べるほか、間違ったふりがなが振られた場合は修正することもできます。

### ⇒ ふりがなの種類を選ぶ

[ふりがなの表示/非表示]の❶から[ふりがなの設定]❷をクリックすると、[ふりがなの設定]ダイアログボックスが表示されます。ここでは表示されるふりがなの種類や、配置を選べます。

❸ **種類**
ひらがな、全角カタカナ、半角カタカナが選べます。

❹ **配置**
ふりがなを振る文字に対して、左に寄せるか、中央に揃えるかなどの配置が選べます。

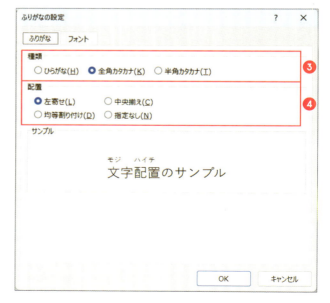

###  ふりがなを修正する

ふりがなが違っていたり、表示されない場合には、[ふりがなの表示/非表示]の⌄から[ふりがなの編集]❶をクリックすると、ふりがなの編集モードになり修正や入力ができます❷。

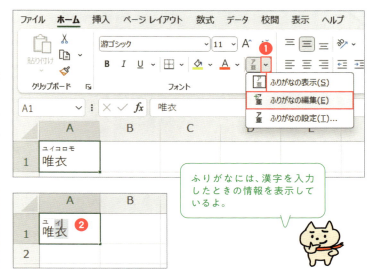

> 漢字上部にルビを表示させるのではなく、別の列にふりがなの情報を取り出す場合は関数を使います（196ページ）。

> ふりがなには、漢字を入力したときの情報を表示しているよ。

`05-03_5.xlsx`

## [5] 字下げ（インデント）を設定する

インデントを設定すると、文字の開始位置を調節できます。項目より少し下げて表示したいときや、枠線との間隔を調節したいときに使います。ここではセルA4からA7の講座名を、表の見出しである「■健康」より少し下げて表示しましょう。

### ➡ セルを選択する

❶セルA4からセルA7を選択します。

### ➡ [インデントを増やす]をクリックする

❷[ホーム]タブの[インデントを増やす]をクリックします。

###  ➡ 字下げが設定できた

文字の開始位置が右方向に移動し、セルの枠線との間隔が広がりました。

> [インデントを増やす]ボタンをクリックするごとに右方向に、[インデントを減らす]ボタンをクリックするごとに左方向に調節できます。

## ダイアログボックス起動ボタン

実は、下図のように[ホーム]タブの[フォント][配置][数値]グループにあるダイアログボックス起動ボタンをクリックすると、3つとも[セルの書式設定]ダイアログボックスが開き、クリックしたボタンの場所によって、最初に表示されるタブが違うのです。セルを右クリックして[セルの書式設定]をクリックしても、[セルの書式設定]ダイアログボックスを開けます。

**[セルの書式設定]ダイアログボックスが開く3つのダイアログボックス起動ボタン**

❶ フォント

フォントの種類や色、サイズ、取り消し線などの設定

❷ 配置

文字の配置、セルに文字を収める、文字の方向、インデントの設定

❸ 表示形式

数値や日付などの表示形式の設定

― ショートカットキー ―

[セルの書式設定]ダイアログボックスを表示する：Ctrl + 1

もしダイアログボックスを開いて設定したい内容がなかった場合は、ほかのタブに切り替えてみよう。

CHAPTER 5
LESSON 4

＼データに合わせて調節しよう／

# 列の幅や行の高さの変更 & 行列の非表示

https://dekiru.net/ykex24_504

#MOS　#列の幅　#行の高さ　#行列の非表示／再表示

入力したデータに合わせて、列の幅や行の高さを変更して見た目を整えましょう。また、一時的に列や行を非表示にすることもできます。印刷したくないけどデータは残しておきたいときなどに便利です。

## セルの文字が「###」になった！？

入力したデータに対して列幅が狭いと、文字の場合は隣にデータが入力されているとき文字が途中で切れてしまいます。数値や日付の場合は「####」と表示されます。いずれも列幅が足りないので、列の幅を広げることできちんと表示できます。

### これを……

| | A | B | C | D | E |
|---|---|---|---|---|---|
| 1 | ツアー売上金額（8月） | | | | |
| 2 | | | | | |
| 3 | | A支店 | B支店 | C支店 | 合計 |
| 4 | 夏の北海 | 896,300 | 914,600 | 710,400 | ###### |
| 5 | 東京バス | 478,800 | 594,000 | 398,000 | ###### |
| 6 | 九州周遊 | 598,500 | 678,000 | 658,400 | ###### |
| 7 | 沖縄リゾ | 628,200 | 734,980 | 627,000 | ###### |
| 8 | 合計 | ###### | ###### | ###### | ###### |
| 9 | | | | | |

表に入力された文字に対してセルの幅や高さが狭く、一部の文字が表示しきれていないほか、合計の数値が「###」となっています。

### こうする！

| | A | B | C | D | E |
|---|---|---|---|---|---|
| 1 | ツアー売上金額（8月） | | | | |
| 2 | | | | | |
| 3 | | A支店 | B支店 | C支店 | 合計 |
| 4 | 夏の北海道 | 896,300 | 914,600 | 710,400 | 2,521,300 |
| 5 | 東京バスツアー | 478,800 | 594,000 | 398,000 | 1,470,800 |
| 6 | 九州周遊の旅 | 598,500 | 678,000 | 658,400 | 1,934,900 |
| 7 | 沖縄リゾート | 628,200 | 734,980 | 627,000 | 1,990,180 |
| 8 | 合計 | 2,601,800 | 2,921,580 | 2,393,800 | 7,917,180 |
| 9 | | | | | |

すべての文字や数値が表示され、セルの幅や高さにもゆとりができました。

データがきちんと表示されるように列幅を調整したよ。行の高さも広げて、表に余裕ができて見やすくなったね。

05-04_1.xlsx

## [1] 列の幅を変える

列幅を変えたい列番号の右の列との境界線でドラッグして、好きな幅に調整できます。ここではA列の文字が途切れているので、A列の列幅を広げます。

### ▷ 列幅を変えたい列番号の境界線をドラッグする

❶ A列とB列の境界線にマウスポインターを合わせ、✥ の形になったら

❷ 右方向にドラッグすると、

### ▷ 列幅が調整された

列幅が広がり、文字がすべて表示されました。

---

\実務で使える便利技♫/

## データに合わせて列幅を自動調整する

複数の列を選択し、選択した列のいずれかの列番号の境界線でダブルクリックすると❶、入力されたいちばん長いデータに合わせてそれぞれ列幅が自動調整されます。

複数選択した列番号の境界線でダブルクリックではなくドラッグすると、同じ列幅に調節できます。

複数選択しておくと、まとめて列幅が自動調整されて便利だね。

\ 実務で使える便利技♪ /
## タイトルを除いて表だけ列幅を自動調整するには

たとえばセルA1に表のタイトルを入力している場合、A列の幅を自動調整すると、タイトルの長さに合わせて表の幅も調整されてしまいます。

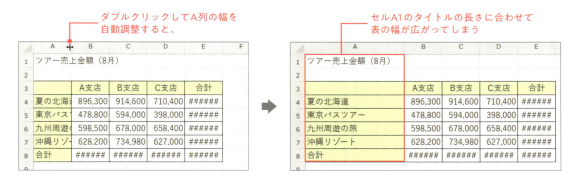

このような場合は、幅を調整したい表を選択して❶、[ホーム]タブの[書式]→[列の幅の自動調整]❷をクリックします。すると、選択範囲の文字がきちんと収まるように列の幅が自動的に調整されます❸。

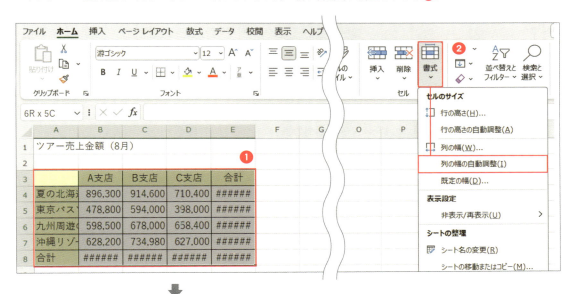

文字のサイズを変更した場合は、行の高さは文字サイズに合わせて自動で調整されるよ。

行の高さも同様の手順で、高さを変えたい行番号の下の行との境界線にマウスポインターを合わせてドラッグ（またはダブルクリック）すると高さを変更できます。複数行の場合も同様に、選択した行のいずれかの境界線にマウスポインターを合わせて下方向にドラッグすると同じ高さに変更できます。
行の境界線でダブルクリックではなくドラッグすると、同じ列幅に調節できます。

＼ 実務で使える便利技 ♬ ／

# 列幅や行の高さを数値で指定したい

数値を指定して列幅や行の高さを変更できます。ほかのシートの表とサイズを揃えたい場合などに便利です。

## ⇒ 右クリックメニューから［列の幅］を設定する

❶ 列番号を右クリックして［列の幅］をクリックすると、

❷ ［セルの幅］ダイアログボックスが表示されるので、幅を入力して

❸ ［OK］ボタンをクリックします。

> 同様の手順で「行の高さ」も数値で指定できます。

> 列の幅や行の高さを調べるには、調べたい列の右側❶、行の下側❷の境界線をクリックします。なお、このときドラッグしてしまうと幅や高さが変わってしまうので気をつけましょう。

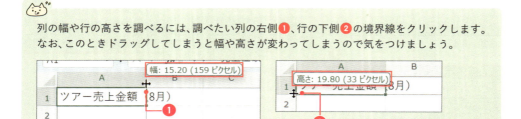

05-04_2.xlsx

## [2] 列や行を非表示にする

セルに入力されたデータを削除せず、列や行単位で非表示にして隠せます。印刷したくないデータを隠したり、計算結果だけ表示したりする場合に使えます。ここではB列からD列を非表示にします。

## ⇒ 右クリックメニューから［非表示］を選ぶ

❶ 非表示にしたいB列からD列を選択し、

❷ 選択した列番号の上で右クリックし、［非表示］をクリックすると、

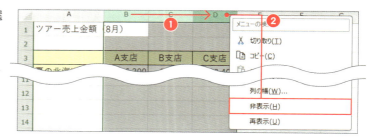

## B列からD列が非表示になった

B列からD列が非表示になりました。

列番号を見ると、A列の次がE列になっています❸。B列からD列のデータはA列とE列の間に隠れていることがわかります。

> 同様の手順で、行も非表示にできます。

## [3] 列や行を再度表示する

非表示にした列や行を再び表示しましょう。ここでは非表示にしたB列からD列を再表示します。

05-04_3.xlsx

### 再び表示したい列を含むように列を選択する

❶（再表示したいB列からD列が含まれるように）A列からE列を選択し、

### 右クリックして[再表示]をクリックする

❷選択した列番号の上で右クリックして[再表示]をクリックします。

> 同様の手順で、非表示にした行も再表示できます。

## 再び表示された

B列からD列が再表示されました。

> A列を非表示にした場合、再表示するにはB列の列番号から左の▲に向かってドラッグします。その状態で右クリックして[再表示]をクリックしましょう。1行目を非表示にしたときは、2行目から上の▲に向かってドラッグし、右クリックして[再表示]をクリックします。

CHAPTER 5
LESSON 5

＼表作成の最後の仕上げ／

# 表にさまざまな罫線を引く

https://dekiru.net/
ykex24_505

#MOS　#罫線

表を作成したら、最後に罫線を引いて表の形に整えます。表に合わせて線の種類を変えたり、線を引くセルを上手に指定したりすることもスムーズに操作するための大事なポイントです。

## 知りたい！ どんな罫線が引けるの？

**罫線を引かない状態**

罫線を引かないと、表の範囲がわかりづらい状態です。

**表に罫線を引くとわかりやすくなる！**

基本の罫線である「格子」❶を引いたあと、項目の下に「二重線」❷、表の外枠に「太い外枠」❸を設定して表を整えました。

❶ [格子]　❷ [二重線]　❸ [太い外枠]

05-05_1.xlsx

## [1] 表全体に罫線を引く

範囲を選択して[罫線]から[格子]を選ぶと、選択したセルすべてに「細い黒色の実線」が引かれます。これが基本の罫線です。ここではセルA3からセルE7の表に格子罫線を引きます。

→ 表全体を選択して、[罫線]から[格子]をクリックする

❶表全体を選択し、

❷[ホーム]タブの[罫線]の▼から[格子]をクリックします。

140

## 罫線が引けた

選択した範囲に罫線が引けました。

> 罫線を設定したあとで、オートフィルを使ってデータの入力や数式のコピーをすると、罫線が崩れる場合があります。崩れた罫線は、143ページの「もっと知りたい！」を参考に修正しましょう。

| | A | B | C | D | E |
|---|---|---|---|---|---|
| 1 | 出荷伝票 | | | | |
| 2 | | | | | |
| 3 | 商品コード | 商品名 | 単価 | 数量 | 金額 |
| 4 | T101 | タオルセットA | 1,500 | 8 | ¥12,000 |
| 5 | T102 | タオルセットB | 3,000 | 6 | ¥18,000 |
| 6 | W104 | 世界のワインギフト | 5,000 | 5 | ¥25,000 |
| 7 | G106 | ハム詰め合わせ | 4,500 | 8 | ¥36,000 |
| 8 | | | | | |

`05-05_2.xlsx`

## [2] 罫線をすべて消す

選択した範囲内の罫線をすべて消すには、[枠なし]を選びます。

### 範囲選択して[罫線]から[枠なし]をクリックする

❶ 表全体を選択し、

❷ [ホーム]タブの[罫線]の▼から[枠なし]をクリックします。

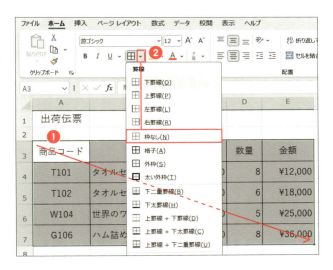

## 罫線を消せた

選択した範囲内のすべての罫線が消えました。

| | A | B | C | D | E |
|---|---|---|---|---|---|
| 1 | 出荷伝票 | | | | |
| 2 | | | | | |
| 3 | 商品コード | 商品名 | 単価 | 数量 | 金額 |
| 4 | T101 | タオルセットA | 1,500 | 8 | ¥12,000 |
| 5 | T102 | タオルセットB | 3,000 | 6 | ¥18,000 |
| 6 | W104 | 世界のワインギフト | 5,000 | 5 | ¥25,000 |
| 7 | G106 | ハム詰め合わせ | 4,500 | 8 | ¥36,000 |
| 8 | | | | | |

## [3] 不要な罫線だけを消す

05-05_3.xlsx

表の中の一部分だけ罫線を消したいときは、[罫線]メニューから[罫線の削除]をクリックして、消したい部分をなぞります。

### ⇨ [罫線]から[罫線の削除]をクリックする

❶[ホーム]タブの[罫線]の⤓から[罫線の削除]をクリックします。

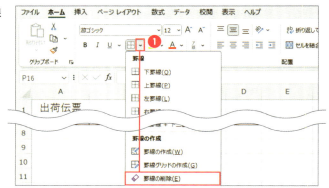

### ⇨ 消したい部分をドラッグする

❷マウスポインターが消しゴムの形になったことを確認し、
❸消したい罫線をドラッグします。

> Escキーを押すと消しゴムモードが解除されます。

## [4] 指定した場所に罫線を引く

05-05_4.xlsx

特定の場所に罫線を引きたいときは、罫線を引くセルを正しく選択するのがポイントです。ここでは行番号3(商品コードから金額まで)の下に二重線を設定します。

### ⇨ 二重線を引くセルを選択して、[罫線]から[下二重線]をクリックする

❶セルの下に二重線を引きたい、セルA3からセルE3を選択し、

❷[罫線]の⤓から[下二重線]をクリックします。

> 選択したセルの下に二重線が来るようにするのがポイントです。

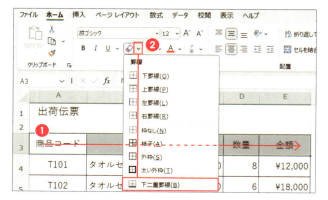

LESSON 5　表にさまざまな罫線を引く

## できた！ 下二重線が引けた

選択したセルの下に二重線が引けました。

> **やってみよう！**
>
> 表の外枠を太枠にしましょう。
>
> ＜ヒント＞
> 表全体を選択して、［罫線］から［太い外枠］をクリックします。

| | A | B | C | D | E |
|---|---|---|---|---|---|
| 1 | 出荷伝票 | | | | |
| 2 | | | | | |
| 3 | 商品コード | 商品名 | 単価 | 数量 | 金額 |
| 4 | T101 | タオルセットA | 1,500 | 8 | ¥12,000 |
| 5 | T102 | タオルセットB | 3,000 | 6 | ¥18,000 |
| 6 | W104 | 世界のワインギフト | 5,000 | 5 | ¥25,000 |
| 7 | G106 | ハム詰め合わせ | 4,500 | 8 | ¥36,000 |
| 8 | | | | | |

> 表にさまざまな種類の罫線を引く場合、基本の罫線である［格子］をはじめに設定します。格子は選択したセルすべてに細い実線を引くので、たとえば表全体に［太い外枠］を設定したあとに［格子］を引くと、設定した太い外枠は格子（細い実線）に入れ替わってしまうからです。格子で全体に罫線を引き、次にほかの線種や特定の場所に罫線を引いて、最後に外枠を設定するのが上手に罫線を引くポイントです。

## もっと知りたい！

### もっと細かく罫線を設定するには

［罫線］の一覧には用意されていない線種や線を引く位置は［セルの書式設定］ダイアログボックスの［罫線］タブから設定できます。下のように選択した範囲の上下左右ごとに、罫線の種類や色を一度に設定できます。ダイアログボックスを表示するには、罫線を引きたいセルを選択して、［罫線］の  から［その他の罫線］を選びます。

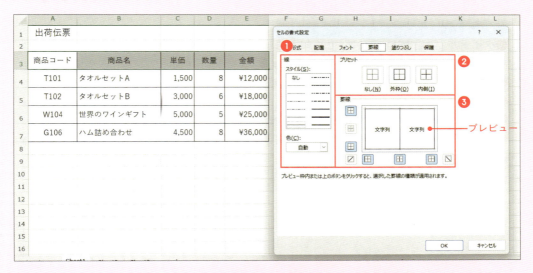

❶ ［スタイル］から線の種類を選び、［色］を設定します。

❷ ［プリセット］で［なし］を選ぶと罫線を削除できます。［外枠］［内側］をクリックすると、❶で選んだ線が外枠または内側に一括で適用されます。

❸ 選択した範囲の罫線がプレビューに表示されています。プレビュー内の罫線をクリックすると❶で選んだ線が適用されます。また、周りにあるボタンで適用する線の位置を選択できます。斜め線もここで設定できます。

## 練習問題

05_rensyu.xlsx

## 問題：完成見本のように「講座申込一覧」を作成しましょう

### 元の表

| | A | B | C | D |
|---|---|---|---|---|
| 1 | 講座申込一覧 | | | |
| 2 | | | | |
| 3 | 会員番号 | 氏名 | 講座名 | |
| 4 | 103005 | 上村　裕子 | Word初級 | |
| 5 | 102201 | 佐々木　剛 | Excel初級 | |
| 6 | 101835 | 島田　加奈子 | PowerPoint初級 | |
| 7 | 102690 | 船越　春香 | Word中級 | |
| 8 | 100981 | 鈴木　雄一 | Excel中級 | |

### 完成見本

| | A | B | C |
|---|---|---|---|
| 1 | 講座申込一覧 | | |
| 2 | | | |
| 3 | **会員番号** | **氏名** | **講座名** |
| 4 | 103005 | カミムラ　ユウコ<br>上村　裕子 | Word初級 |
| 5 | 102201 | ササキ　ツヨシ<br>佐々木　剛 | Excel初級 |
| 6 | 101835 | シマダ　カナコ<br>島田　加奈子 | PowerPoint初級 |
| 7 | 102690 | フナコシ　ハルカ<br>船越　春香 | Word中級 |
| 8 | 100981 | スズキ　ユウイチ<br>鈴木　雄一 | Excel中級 |

❶ タイトル「講座申込一覧」は、セルA1からセルC1を「セルを結合して中央揃え」「フォントサイズ12pt」「太字」「文字色を青」にしましょう。
❷ A列からC列の列幅を、文字が入るように適宜調節しましょう。
❸ セルA3からセルC3を「中央揃え」「太字」「セル色を水色」にしましょう。
❹ 氏名（セルB4からセルB8）にふりがなを表示しましょう。
❺ 表に罫線を設定しましょう。表全体に「格子」、セルA3からセルC3に「下二重線」、表の外枠に「太い外枠」を設定します。

> 文字の書式についてはLESSON 1、セルの結合はLESSON 2、列の幅はLESSON 4、ふりがなはLESSON 3、罫線はLESSON 5を参考にやってみよう！

144

# 数式と関数のしくみを知ろう

Excelでさまざまな計算や処理を行うには、
セル参照の理解が欠かせません。
ここでは、相対参照と絶対参照のしくみを理解してから、
関数の基本と入力方法を学びましょう。

## CHAPTER 6
## LESSON 1
### セル参照を知ろう

＼セル番号で計算するメリットを知る／

#MOS　#セル番号　#セル範囲　#数式　#計算

Excelで計算などをするとき、「数値」ではなく数値が入力された「セル番号」や「セル範囲」を指定することを、「セル参照」といいます。

### 知りたい！

#### 「セル参照」のメリット

セル参照をすることで、セルに入力された数値が変わっても、自動的に計算結果が更新されるほか、すでに入力済みのデータを計算に活かせるというメリットがあります。セル参照をするには、「=」に続けて参照したいセル番号を入力します。

**セル番号で計算できる！**

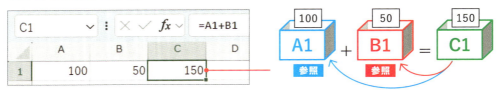

セルC1に「=A1+B1」と入力すると、セルA1とセルB1の値が合計された「150」が表示されます。このように、「セルに入力された数値」ではなく「セル番号」を使って数式を入力できます。

**セル内の数値を変えると、自動的に計算結果が変わる！**

セルB1の値を「50」から「70」に変更したら、セルC1には「170」と表示されます。
セルに入力された数値が変わると、数式を直さなくても計算結果が自動的に更新されます。

セルという箱に数字を入れているイメージだね！

**セルをコピーすると、コピー先に合わせて参照先が自動的にずれる**

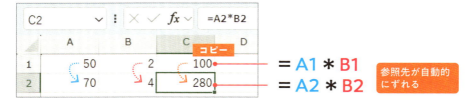

セルC1をセルC2にコピーすると、セルC1が数式内で参照していた「セルA1」「セルB1」が、それぞれ「セルA2」「セルB2」にずれて数式がコピーされます。このように、数式が入力されたセルをコピーすると同じ方向に参照先もずれるので、数式を入力しなおす必要がありません。

LESSON 1 セル参照を知ろう

06-01_1.xlsx

## [1] セルを参照する

セルを参照するには、1つのセル、複数のセル、セル範囲それぞれで指定の仕方が異なりますが、いずれの場合も「=」から始めるのは同じです。ここでは1つのセルを参照してみましょう。セルB2からセルC4を参照します。

➡ **セルに「=」を入力し、参照したいセルをクリックする**

❶ セルB2に「=」を入力し、

❷ 参照したいセルC4をクリックします。

❸ 参照先のセル番号が表示されたことを確認し、Enterキーを押します。

❹ セル参照が入力できました。参照先のセルと同じ内容が表示されています。

### もっと知りたい！

### 複数のセルやセル範囲を参照するには

複数のセルを指定するときは「,」(カンマ)で区切って入力します。また、セル範囲を指定するときは、最初のセルと最後のセルを「:」(コロン)で区切って入力します。

**複数のセルを参照する場合は「,」でつなぐ**

= SUM(B4 , B6)
カンマでつなぐ

**セル範囲を参照する場合は「:」でつなぐ**

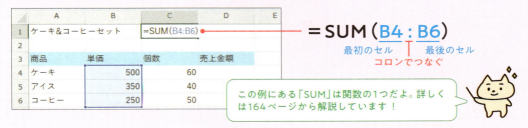

= SUM(B4 : B6)
最初のセル　最後のセル
コロンでつなぐ

この例にある「SUM」は関数の1つだよ。詳しくは164ページから解説しています！

147

CHAPTER 6
LESSON 2

\ ほかのシートのデータも指定できます /

# シート間でセル参照や計算をする

https://dekiru.net/ykex24_602

#シート　#串刺し計算

セル参照では、ほかのシートのセルやセル範囲も参照できます。シートが違うセルを参照する方法と、シートをまたがって計算する方法を知りましょう。

## シート間で「セル参照」や「計算」をする

1つのブック内に複数のシートがある場合、シート間でセル参照や、セル参照を使った計算を行えます。

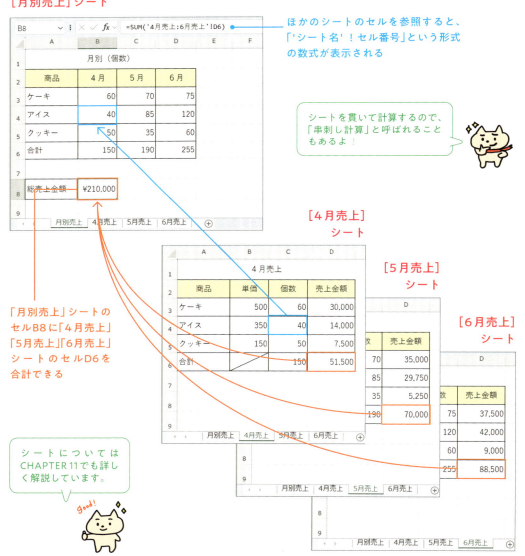

148

LESSON 2 シート間でセル参照や計算をする

06-02_1.xlsx

## [1] 別のシートのセルを参照する

「月別売上」シートのセルB3に、「4月売上」シートのケーキの個数（セルC3）を参照して表示します。

➡ セルに「=」を入力する

❶「月別売上」シートのセルB3に、「=」と入力し、

> 6行目の合計はそれぞれSUM関数（164ページ）で計算しているよ。

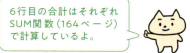

➡ 参照するセルのシートに切り替え、セルを選択する

❷「4月売上」シートをクリックして「4月売上」シートに切り替わったことを確認します。
❸ セルC3をクリックして、
❹ Enter キーを押します。

➡ 別のシートのセルを参照できた

「月別売上」シートのセルB3に「='4月売上'!C3」が入力され、「4月売上」シートのセルC3の内容が表示されました。

---

― やってみよう！ ―

セルB3の数式をオートフィル（83ページ）でセルB4とセルB5にコピーしましょう❶。今回の表の「ケーキ」「アイス」「クッキー」のように、参照したシート間で表の項目の並び順が同じになっている場合はオートフィルが活用できます。

また、「月別売上」シートに「5月売上」「6月売上」のデータも参照させてみましょう。

6 数式と関数のしくみを知ろう

149

## [2] 別のシートのセルを参照して計算する

`06-02_2.xlsx`

「月別売上」シートのセルB8に、「4月売上」「5月売上」「6月売上」シートのそれぞれの合計金額（セルD6）を足した結果を表示します。

### ⇒ 数式を入力するセルを選択し、オートSUMをクリックする

❶「月別売上」シートのセルB8をクリックし、

❷［ホーム］タブの［Σ］ボタンをクリックします。

［Σ］ボタンは、画面の表示によっては［オートSUM］と表示されます。

❸ セルB8に「=SUM(B6)」と表示されたことを確認します。

［Σ］ボタンをクリックすると、Excelが計算対象を予測して自動的にセル番号が入力されます。

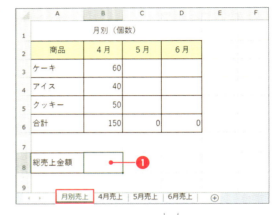

### ⇒ 計算対象のシートを選択する

❹「4月売上」のシート見出しをクリックして、
❺ Shift キーを押しながら「6月売上」のシート見出しをクリックします。

❻「4月売上」「5月売上」「6月売上」シートが複数選択されたことを確認しましょう。

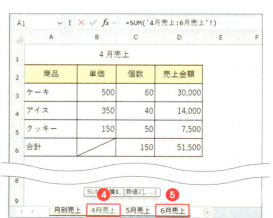

## 計算対象となるセルを選択する

❼売上金額の合計が入力されたセルD6を
クリックして、
❽ Enter キーを押します。

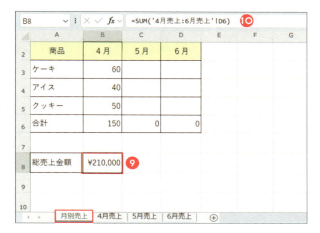

## 3つのシートの金額が合計された

自動的に「月別売上」シートに切り替わり、
「4月売上」「5月売上」「6月売上」シートの
セルD6を合計した結果が表示されました
❾。

数式バーを見ると、「=SUM('4月売上:6月売上'!D6)」と表示されています❿。「('4月売上:6月売上'!D6)」は、「『4月売上』シートから『6月売上』シートまでの『セルD6』」を表しています。

> SUM関数を使わず、「+」を使って、「='4月売上'!D6+'5月売上'!D6+'6月売上'!D6」のようにそれぞれのシートの「セルD6」を1つずつ参照して合計を求めることもできます。

\数式をコピーするときに使います／

## セル参照を使いこなそう

#MOS　#相対参照　#絶対参照

セル参照には、数式をコピーしたときに自動で参照先がずれてくれる便利な「相対参照」と、逆に固定しておきたい場合に使える「絶対参照」があります。ここでは2つの使い分け方を知りましょう。

### 「相対参照」と「絶対参照」の違い

相対参照：セルをコピーすると、コピー先に合わせて参照先が自動的にずれる

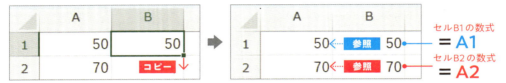

LESSON 1の「知りたい！」で説明した、コピーしたときに参照しているセルが自動的にずれる参照形式を「相対参照」といいます。上の例では、セルB1に「＝A1」と入力してあり、これをセルB2にコピーすると、参照先がコピー先に合わせて「A2」にずれています。

絶対参照：セルをコピーしても、参照先がずれない

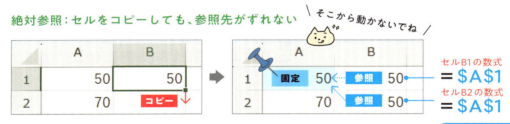

コピーしても参照しているセルがずれないように固定する方法が「絶対参照」です。セル番号に「$」記号を付けると絶対参照になります。割り算の分母など、数式をコピーしたときに計算対象のセルがずれると困る場合に利用します。

下の例の場合、セルE3のケーキの売上割合は「セルD3の売上金額÷セルD6の売上金額の合計」で求めますが、セルE3の数式をセルE4やE5のアイスやクッキーにコピーした場合も、分母はセルD6のままずらしたくありません。そこで、「$D$6」のように固定したいセル番号を絶対参照にします。

Lesson 3 セル参照を使いこなそう

## [1] 絶対参照にする

06-03_1.xlsx

数式をコピーしたときに、参照するセルの位置を固定するには「$」マークを付けます。ここでは「売上割合」に「売上金額÷（売上金額の）合計」の式を入力しますが、分母となる「（売上金額の）合計」のセルD6を絶対参照にすることで、ほかのセルにコピーしても分母がずれないようにします。

### ⇒「＝売上金額÷」までの式を入力する

❶ セルE3に「=D3/」を入力し、

> 割り算では、「÷」ではなく「/」（半角スラッシュ）を使います（48ページ参照）。

### ⇒ 分母（合計）のセルを「絶対参照」にする

❷ セルD6をクリックして、

❸ F4 キーを押します。

### ⇒ 分母が「絶対参照」になった

「D6」に$マークが付き、絶対参照になりました。

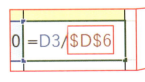

Enter キーを押して入力を確定したら、セルE3をセルE5までコピーして正しく計算できているか確認しましょう❹。

> 同じ数式を絶対参照にしないでコピーすると、参照先がセルD6からセルD7、セルD8にずれてしまい、「#DIV/0!」というエラーが表示されます（特典PDF参照）。

## 実務で使える便利技♪
### あとから「$」を付けたいときも F4 キーで！

数式の入力を確定したあとで、「絶対参照」に修正したい場合は、数式を設定したセルをダブルクリック（または F2 キーを押す）して編集モードにします。「$」を付けたいセル番号の位置にカーソルを移動して❶、F4 キーを押すと❷、セル番号に「$」が付きます❸。

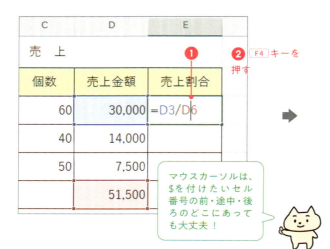

マウスカーソルは、$を付けたいセル番号の前・途中・後ろのどこにあっても大丈夫！

## 実務で使える便利技♪
### F4 キーを押す回数で$の場所が変わる

絶対参照では列番号と行番号にそれぞれ$が付いていますが、F4 キーを押す回数で、$が付く位置が変わり、固定される内容も行だけ、列だけなどと変わります。行または列だけ固定する方法を「複合参照」といいますが、ここでは「F4 キーを押す回数によって$の付く場所が変わる」ということだけ覚えておけば大丈夫です。

F4 キー1回：列と行を固定「$D$6」

F4 キー2回：行だけ固定「D$6」

F4 キー3回：列だけ固定「$D6」

F4 キー4回：絶対参照を解除「D6」

CHAPTER 6
LESSON 4

＼どんなことができるの？／

# 関数について知ろう

#MOS　#関数の書式　#引数

関数を使えるようになると、Excelの便利さをさらに実感できます。まずは、関数とは何か、そして関数の書式について知りましょう。

## 知りたい！

### 関数って何？

関数を簡単にいうと、Excelに「こういう計算や処理をしてね！」とお願いして、実行してもらう機能のことです。自分がやりたいことを叶えてくれる関数を使うと、計算や処理が一瞬でできます。

**これが……**

＝A2＋B2＋C2＋D2＋E2

**こうなる！**

＝SUM（A2：E2）
　　関数　　　引数

たとえば合計を求める場合、関数を使わずに数式を入力すると、計算対象（引数）を1つずつ入力して足し算する必要があります。引数が多くなったり、複雑な計算になったりすると入力するのが難しくなります。

関数を使うと、引数を指定するだけで自動的に計算結果を求められます。

### 関数の基礎知識

関数は数式の一種なので、数式と同じく「＝」からはじめ、「計算や処理をする関数名」と「そのために必要な材料」を組み合わせて式を入力します。材料のことを「引数（ひきすう）」といい、()で囲んで指定します。

**関数の書式**

＝関数名（引数1, 引数2, 引数3……）

ふつうの数式と同じで、関数名や記号などはすべて半角文字で入力するよ。

関数によって必要な引数は変わり、「セル番号」「数値」「数式」「文字列」などを指定できます。引数に全角文字を指定する場合は、「"」で囲みます。

### 関数の例

ここまでにも紹介した合計を求めるSUM関数のほか、条件ごとに表示内容を変えるIF関数などがあります。

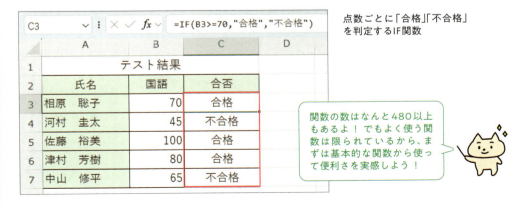

点数ごとに「合格」「不合格」を判定するIF関数

関数の数はなんと480以上もあるよ！でもよく使う関数は限られているから、まずは基本的な関数から使って便利さを実感しよう！

CHAPTER 6
LESSON 5

＼基本をしっかり理解しよう／

# 関数の入力方法を知ろう

https://dekiru.net/ykex24_605

#MOS　#関数の挿入　#関数の引数

関数の入力方法には「ダイアログボックス」を使う方法と、「セルに直接入力」する方法があります。それぞれの基本の操作方法を知って、自分に合った方法で入力しましょう。

知りたい！

## 関数を入力する基本の流れ

❶ セルを選択し、[関数の挿入]ボタンをクリック

[関数の挿入]ボタン

関数を入力したいセルを選択して、[関数の挿入]ボタンをクリックします。

❷ [関数の挿入]ダイアログボックスで関数を選ぶ

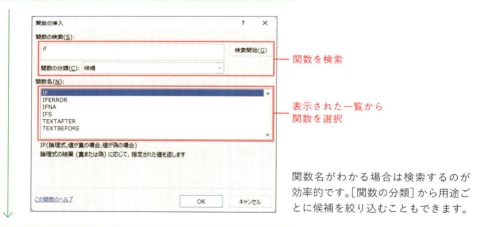

関数を検索

表示された一覧から関数を選択

関数名がわかる場合は検索するのが効率的です。[関数の分類]から用途ごとに候補を絞り込むこともできます。

❸ [関数の引数]ダイアログボックスで引数を指定する

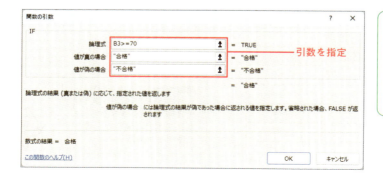

引数を指定

引数内で、日本語など全角文字を指定する場合は「"」で囲みます。関数の挿入ダイアログボックスを使う場合は自動で付きます。

156

## [1] ダイアログボックスを使って関数を入力する

06-05.xlsx

ダイアログボックスを使うと、関数に必要な入力項目（引数）がひと目でわかり、順番に入力して最後に［OK］ボタンをクリックするだけで、自動で関数の式が入力されます。ここではIF関数を例に説明します（IF関数の使い方については176ページ参照）。

### ⇨ 関数を入力するセルを選択し、［関数の挿入］ボタンをクリックする

❶関数を入力するセルC3をクリックし、
❷［関数の挿入］ボタンをクリックします。

### ⇨ 入力したい関数を選択する

❸［関数の検索］に目的の関数名を入力して、
❹［検索開始］ボタンをクリックします。

❺［関数名］に表示された関数名を選択して、

❻［OK］ボタンをクリックします。

### ⇨ 引数を入力する

❼選択した関数の［関数の引数］ダイアログボックスが表示されるので、
❽必要な引数を入力し、
❾［OK］ボタンをクリックします。

ダイアログボックスを使う場合、その場で結果❿を確認できます。

### ⇨ 関数が入力できた

関数の式が入力され、数式バーには関数の式が、セルC3には結果が表示されました。

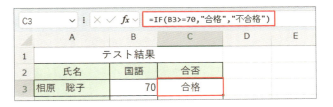

06-05.xlsx

## [2] セルに関数を直接入力する

セルに関数を直接入力することもできます。

### ➡ セルに「=」を入力する

❶関数を入力するセルに「=」を入力し、

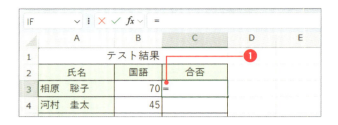

### ➡ 関数名を入力する

❷関数名の最初の文字を入力すると、
❸候補が一覧表示されるので、↓↑キーを押して選択し、

❹Tabキーを押します。

❺すると「=関数名(」のように入力されます。

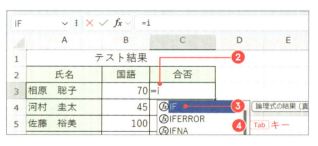

❸で候補から選ばずに、最後まで自分で入力しても大丈夫です。

### ➡ 引数を入力する

❻引数のヒントを参考に、「,」で区切りながら引数を入力して、最後に「)」を入力します。
❼入力できたらEnterキーを押します。

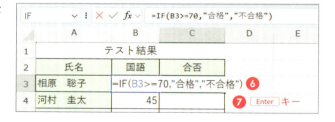

### ➡ 関数が入力できた

関数の式が入力され、数式バーには関数の式が、セルC3には結果が表示されました。

慣れてきたらセルに直接入力するのが早くておすすめ！

158

関数を直接入力する場合の引数を設定する順番は、[関数の挿入]ダイアログボックスで指定する順番と同じです。

[関数の引数]ダイアログボックス　　　　直接入力

\ 実務で使える便利技♫ /
## 関数をすばやく探す

[関数の挿入]ダイアログボックスで、目的の関数をすばやく探す便利な方法をご紹介します。ここでは合計を求める「SUM関数」を例にします。

### ⇨ [すべて表示]→キーボードで絞り込む

❶[関数の分類]で[すべて表示]を選択し、

❷一覧のどれかをクリックします。

❸その状態で、探したい関数の頭文字のキーを押すと、その文字で始まる関数に移動します。ここでは例として S キーを押します。すると、「S」から始まる関数までジャンプします。

❹さらに文字を入力するごとに、関数が絞り込まれていきます。たとえば「S」に続けて U キーを押すと、「SU」で始まる関数が表示されます。

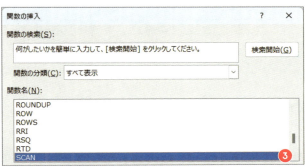

[関数の挿入]ダイアログボックスを表示した直後は[関数の検索]欄の「何がしたいか〜」が選択された状態です❺。このまま検索したい関数の頭文字を打ち Enter キーを押すと、その文字で始まる一覧にジャンプできます。なお、検索できるのは[関数の分類]で選択された範囲となります。

CHAPTER 6
LESSON 6

＼関数を入力する方法によって変わります／

# 関数の修正方法を知ろう

https://dekiru.net/ykex24_606

#MOS　#引数の範囲　#[関数の引数]ダイアログボックス

関数を修正するには、[関数の引数]ダイアログボックスを使う方法と、セル内で直接行う方法があります。それぞれの修正方法の違いを知っておきましょう。

## 知りたい！ 関数の修正をする

入力済みの関数はあとから修正できます。引数の範囲が間違っていた場合などは数式を修正して対応しましょう。

### 誤った引数の範囲を……

店舗別売上の平均金額が、セルE3の合計金額まで含んだ値になっています。

### 正しい範囲に修正する

正しい引数の範囲に修正できます。

---

06-06.xlsx

## [1] [関数の引数]ダイアログボックスで修正する

関数を入力するときと同じように、ダイアログボックスから修正できます。

⇒ 修正するセルを選択し、[関数の挿入]ボタンをクリックする

❶修正したいセルをクリックし、
❷[関数の挿入]ボタンをクリックします。

160

## ⇨ [関数の引数]ダイアログボックスで引数を修正する

❸直したい引数を選択し、

❹入力し直します。

引数欄の ⬆ をクリックすると、入力欄だけが表示され、範囲を選択しやすくなります。

❺[OK]ボタンをクリックします。

## [2] セル上で直接修正する

通常の数式やデータと同じように、セルをダブルクリックするか選択して F2 キーを押して編集状態にしてから直接入力し直します。

### ⇨ セルを編集状態にして修正する

❶修正したいセルをダブルクリックし、
❷引数を直接入力し直したら
❸ Enter キーを押して確定します。

数式の編集中は、数式内の引数と、その引数の参照先のセルが同じ色で表示されます。このとき、参照先のセルの四隅に表示されるハンドル（■）をドラッグして範囲を変更できます❶。また、色の枠をドラッグして参照先を移動することもできます❷。

参照する範囲を変更

参照する範囲を移動

練習問題　06_rensyu.xlsx

問題：完成見本のように「上期売上表」の「上期合計」「合計」「売上構成比」を求めましょう

### 元の表

| | A | B | C | D | E | F | G | H | I |
|---|---|---|---|---|---|---|---|---|---|
| 1 | 上期売上表 | | | | | | | | |
| 2 | | | | | | | | | 単位：個 |
| 3 | | 4月 | 5月 | 6月 | 7月 | 8月 | 9月 | 上期合計 | 売上構成比 |
| 4 | 冷蔵庫 | 643 | 580 | 754 | 832 | 684 | 763 | | |
| 5 | エアコン | 548 | 780 | 890 | 1,035 | 1,125 | 980 | | |
| 6 | 掃除機 | 685 | 583 | 403 | 569 | 357 | 495 | | |
| 7 | オーブンレンジ | 281 | 395 | 306 | 403 | 293 | 385 | | |
| 8 | 合計 | | | | | | | | |
| 9 | | | | | | | | | |

### 完成見本

| | A | B | C | D | E | F | G | H | I |
|---|---|---|---|---|---|---|---|---|---|
| 1 | 上期売上表 | | | | | | | | |
| 2 | | | | | | | | | 単位：個 |
| 3 | | 4月 | 5月 | 6月 | 7月 | 8月 | 9月 | 上期合計 | 売上構成比 |
| 4 | 冷蔵庫 | 643 | 580 | 754 | 832 | 684 | 763 | 4,256 | 28.8% |
| 5 | エアコン | 548 | 780 | 890 | 1,035 | 1,125 | 980 | 5,358 | 36.3% |
| 6 | 掃除機 | 685 | 583 | 403 | 569 | 357 | 495 | 3,092 | 20.9% |
| 7 | オーブンレンジ | 281 | 395 | 306 | 403 | 293 | 385 | 2,063 | 14.0% |
| 8 | 合計 | 2,157 | 2,338 | 2,353 | 2,839 | 2,459 | 2,623 | 14,769 | 100.0% |
| 9 | | | | | | | | | |

数式はオートフィルでコピーしましょう。売上構成比は、冷蔵庫の上期合計（セルH4）÷全体の上期合計（セルH8）で求め、パーセントスタイルにします。数式をコピーしても分母のセル位置が変わらないように、セルH8は絶対参照にします。

> オートSUMはCHAPTER 2、オートフィルはCHAPTER 4、絶対参照はCHAPTER 6のLESSON 3、数値の表示形式についてはCHAPTER 3を参考にしてやってみよう！

# 簡単な関数を使った
# 計算をしてみよう

ボタン1つで入力できるオートSUM機能を使って、
関数がどんなものかを体験してみましょう。
ここでは、合計や平均値、最大値、最小値、数値データの個数を求めてみます。

CHAPTER 7
LESSON 1

＼使用頻度No.1！／

# 合計を求める

https://dekiru.net/ykex24_701

#MOS　#SUM　#オートSUM　#合計

合計を求めるにはSUM（サム）関数を使います。SUM関数は、[合計（オートSUM）]ボタン（Σ）をクリックして入力することもできます。

知りたい！

## SUM関数の基本

### 合計を求めるSUM関数

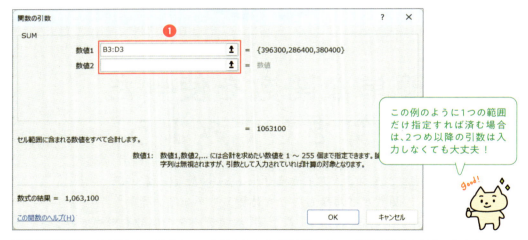

= SUM（B3：D3）

セルB3からセルD3の範囲を**合計**してください！

### [関数の引数]ダイアログボックスでSUM関数を理解しよう！

この例のように1つの範囲だけ指定すれば済む場合は、2つめ以降の引数は入力しなくても大丈夫！

引数[数値]❶には計算したい数値やセルを指定します。[数値]にはセル範囲や数式も指定できます。数値は1と2の欄しかありませんが、次の欄を選択すると自動的に欄が増えていきます。

### 直接入力する場合の書式を理解しよう！

= SUM（数値1,数値2,数値3…）

合計したい数値を複数指定するときは「,」で区切ります。範囲を指定するときは範囲の最初のセル番号と最後のセル番号を「:」でつなぎます。

# [1] ［合計］（Σ）を使って合計を求める

07-01.xlsx

「合計」を求めるSUM関数は、［ホーム］タブにある［合計］（オートSUM）ボタンを使うのがいちばん簡単で便利です。ここではセルE3に合計金額を求めてみましょう。

## ➡ 計算結果を表示したいセルを選択して、［オートSUM］（Σ）ボタンをクリックする

❶ 計算結果を表示したいセル（セルE3）をクリックし、
❷ ［ホーム］タブの［Σ］ボタンをクリックします。

## ➡ 引数を確認して確定する

❸ 合計する範囲が正しく選択されていることを確認して、
❹ Enter キーを押します。

## ➡ 合計値が求められた

合計の計算結果が表示されました。

［Σ］ボタンで自動的に入力した場合、隣り合ったセル範囲が自動的に引数に設定されます。セル範囲を修正する場合は、ドラッグするなど手動で範囲を選択しなおしましょう。

---

＼実務で使える便利技♫／

## 合計を一気に求めたい

オートSUM機能では、合計する対象範囲をExcelが自動で認識するため、❶のように範囲を選択して［オートSUM］ボタンをクリックすると、一気に合計を求めることができます❷。

範囲を選択すると、画面右下のステータスバーに選択した範囲の平均値やデータの個数、合計などが表示されます。数式を入力せずに、さっと確認したいときに便利です。また、この数字はクリックしてコピーできます。

CHAPTER 7
LESSON 2

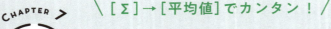

# 平均値を求める

#MOS　#AVERAGE　#オートSUM　#平均

売上や点数の平均値を求めるにはAVERAGE（アベレージ）関数を使います。合計と同じく、[オートSUM]（Σ）ボタンから入力できます。

## 知りたい！

### AVERAGE関数の基本

**平均値を求めるAVERAGE関数**

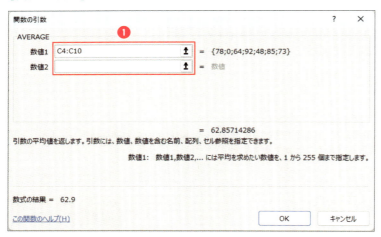

= AVERAGE（C4：C10）

セルC4からセルC10の**平均値**を計算してください！

**[関数の引数]ダイアログボックスでAVERAGE関数を理解しよう！**

引数[数値]❶には平均値を求めたいセルやセル範囲を指定します。
複数のセルやセル範囲を指定する場合は[数値2]以降を指定します。

### 直接入力する場合の書式を理解しよう！

## ＝AVERAGE（数値1,数値2…）

平均したい数値を複数指定するときは「,」で区切ります。範囲を指定するときは範囲の最初のセル番号と最後のセル番号を「:」でつなぎます。

# 1 平均値を求める

07-02.xlsx

ここでは例としてセルC4からセルC10に入力された中間テストの平均点を、セルG3に求めましょう。

## ⇨ セルを選択して、[オートSUM]（Σ）ボタンから[平均]を選択する

❶計算結果を表示したいセルG3をクリックし、
❷[ホーム]タブの[Σ]ボタンの▼から[平均]を選択すると、

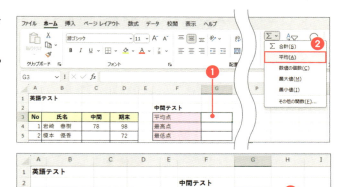

❸関数が入力されます。

## ⇨ 引数を確認して確定する

❹平均値を求める範囲を選択して、
❺ Enter キーを押します。

> 範囲を選択するには、セル範囲をドラッグします。

## ⇨ 平均値が求められた

平均値が表示されました。

> 平均値の小数点以下の桁数を変更する場合は、[小数点表示桁上げ]❻、[小数点表示桁下げ]ボタン❼をクリックします。

> 中間テストも期末テストも欠席者のセルは「空白」になっています。平均値の計算にこの空白データは含まれません。もし右図のように空白ではなく「0」が入力された場合は、平均値の計算範囲に含まれるので、計算結果が変わります。

「0」が含まれる場合、計算結果が変わる

CHAPTER 7
LESSON 3

＼ ［Σ］→［最大値］ですばやく求める ／

# 最大値を求める

#MOS　#MAX　#オートSUM　#最大値

指定した範囲からいちばん大きい値を求めるには、MAX（マックス）関数を使います。MAX関数は［オートSUM］（Σ）ボタンから簡単に入力できます。

知りたい！

## MAX関数の基本

### 最大値を求めるMAX関数

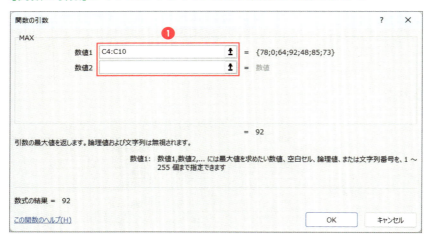

＝MAX（C4：C10）

セルC4からセルC10の
**最大値**を求めてください！

### ［関数の引数］ダイアログボックスでMAX関数を理解しよう！

引数［数値］❶には、最大値を求めたいセルやセル範囲を指定します。

### 直接入力する場合の書式を理解しよう！

＝MAX（数値1,数値2…）

最大値を求めたい数値を複数指定するときは「,」で区切ります。範囲を指定するときは範囲の最初のセル番号と最後のセル番号を「:」でつなぎます。

168

LESSON 3 最大値を求める

## [1] 最大値を求める

07-03.xlsx

ここでは例としてセルC4からセルC10に入力された中間テストの最高点を、セルG4に求めましょう。

### ⇒ セルを選択して、[Σ]ボタンから[最大値]を選択する

❶計算結果を表示したいセル（セルG4）をクリックし、
❷[ホーム]タブの[オートSUM]ボタンの▼から[最大値]を選択します。

### ⇒ 引数を指定して確定する

❸最大値を求める範囲（セルC4からセルC10）をドラッグし、
❹Enterキーを押します。

### ⇒ 最大値が求められた

最高点が求められました。

#### やってみよう！

セルG9に期末テストの最高点も求めてみましょう。期末テストの結果はセルD4からセルD10に入力されています。

169

CHAPTER 7
LESSON 4

＼［Σ］→［最小値］ですばやく求める／

# 最小値を求める

https://dekiru.net/
ykex24_704

#MOS  #MIN  #オートSUM  #最小値

指定した範囲からいちばん小さな値を求めるにはMIN（ミン、ミニマム）関数を使います。MIN関数も［オートSUM］（Σ）ボタンから簡単に入力できます。

知りたい！

## MIN関数の基本

### 最小値を求めるMIN関数

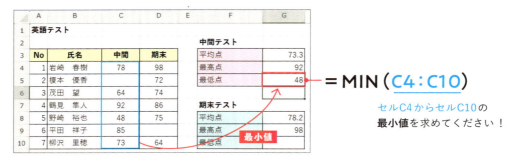

### ［関数の引数］ダイアログボックスでMIN関数を理解しよう！

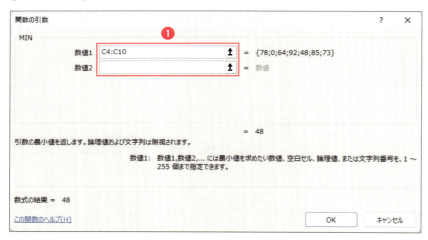

引数［数値］❶には、最小値を求めたいセルやセル範囲を指定します。

### 直接入力する場合の書式を理解しよう！

＝MIN（数値1,数値2…）

最小値を求めたい数値を複数指定するときは「,」で区切ります。範囲を指定するときは範囲の最初のセル番号と最後のセル番号を「:」でつなぎます。

# LESSON 4 最小値を求める

## 1 最小値を求める

07-04.xlsx

ここでは例としてセルC4からセルC10に入力された中間テストの最低点を、セルG5に求めましょう。

### ➡ セルを選択して、[オートSUM]（Σ）ボタンから[最小値]を選択する

❶計算結果を表示したいセル（セルG5）をクリックし、
❷[ホーム]タブの[Σ]ボタンの▼から[最小値]を選択します。

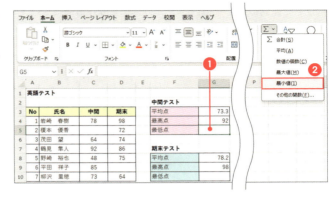

### ➡ 引数を指定して確定する

❸最小値を求める範囲（セルC4からセルC10）をドラッグし、
❹ Enter キーを押します。

### ➡ 最小値が求められた

最低点が求められました。

---

**やってみよう！**

セルG10に期末テストの最低点も求めてみましょう。期末テストの結果はセルD4からセルD10に入力されています。

171

CHAPTER 7
LESSON 5

＼セルの個数が知りたいときに便利／

# 数値データの個数を求める

#MOS　#COUNT　#オートSUM　#数値の個数

指定した範囲の中から「数値」が入力されたセルの個数を数えるときは、COUNT（カウント）関数を使います。COUNT関数も［オートSUM］（Σ）ボタンから入力できます。

知りたい！

## COUNT関数の基本

### 数値データの個数を求めるCOUNT関数

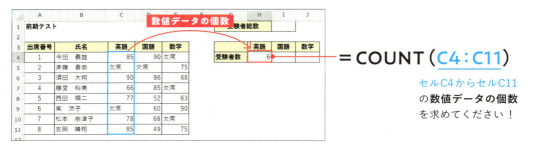

＝COUNT（C4：C11）

セルC4からセルC11の数値データの個数を求めてください！

### ［関数の引数］ダイアログボックスでCOUNT関数を理解しよう！

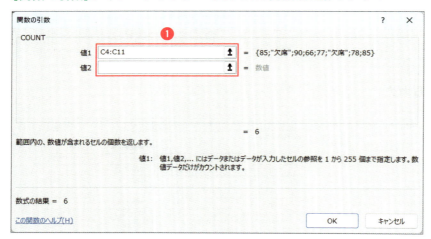

引数［数値］❶には、数値データを数えたいセル範囲を指定します。

### 直接入力する場合の書式を理解しよう！

＝COUNT（値1,値2…）

対象となるセルを複数指定するときは「,」で区切ります。範囲を指定するときは範囲の最初のセル番号と最後のセル番号を「:」でつなぎます。

172

Lesson 5 数値データの個数を求める

07-05.xlsx

## [1] 数値データの個数を求める

ここでは例としてセルC4からセルC11に入力された英語テストのデータから、「欠席」と入力されたセルを除く得点が入力された個数を求めます。

### ⇒ セルを選択して、[オートSUM]ボタンから[数値の個数]を選択する

❶計算結果を表示したいセル（セルH4）をクリックし、

❷[ホーム]タブの[Σ]ボタンの[▼]から[数値の個数]を選択します。

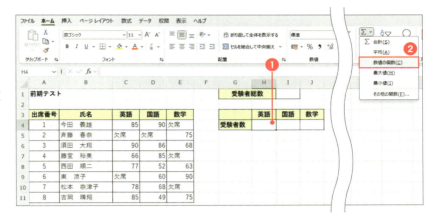

### ⇒ 引数を指定して確定する

❸数値データの個数を求める範囲（セルC4からセルC11）をドラッグし、

❹ Enter キーを押します。

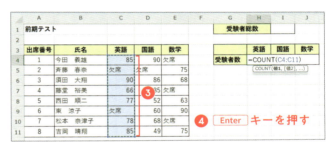

### ⇒ 数値データの個数が求められた

指定した範囲から、数値データの個数が求められました。「欠席」という文字列のセルは除かれていることを確認しましょう。

| | A | B | C | D | E | F | G | H | I | J |
|---|---|---|---|---|---|---|---|---|---|---|
| 1 | 前期テスト | | | | | | | 受験者総数 | | |
| 2 | | | | | | | | | | |
| 3 | 出席番号 | 氏名 | 英語 | 国語 | 数学 | | | 英語 | 国語 | 数学 |
| 4 | 1 | 今田 義雄 | 85 | 90 | 欠席 | | 受験者数 | 6 | | |
| 5 | 2 | 斉藤 春奈 | 欠席 | 欠席 | 75 | | | | | |
| 6 | 3 | 須田 大翔 | 90 | 86 | 68 | | | | | |
| 7 | 4 | 藤堂 裕美 | 66 | 85 | 欠席 | | | | | |
| 8 | 5 | 西田 順二 | 77 | 52 | 63 | | | | | |
| 9 | 6 | 東 涼子 | 欠席 | 60 | 90 | | | | | |
| 10 | 7 | 松本 奈津子 | 78 | 68 | 欠席 | | | | | |
| 11 | 8 | 吉岡 晴翔 | 85 | 49 | 75 | | | | | |

### やってみよう！

セルI4の国語とセルJ4の数学の受験者数も求めましょう。

| | A | B | C | D | E | F | G | H | I | J |
|---|---|---|---|---|---|---|---|---|---|---|
| 1 | 前期テスト | | | | | | | 受験者総数 | | |
| 2 | | | | | | | | | | |
| 3 | 出席番号 | 氏名 | 英語 | 国語 | 数学 | | | 英語 | 国語 | 数学 |
| 4 | 1 | 今田 義雄 | 85 | 90 | 欠席 | | 受験者数 | 6 | 7 | 5 |
| 5 | 2 | 斉藤 春奈 | 欠席 | 欠席 | 75 | | | | | |
| 6 | 3 | 須田 大翔 | 90 | 86 | 68 | | | | | |
| 7 | 4 | 藤堂 裕美 | 66 | 85 | 欠席 | | | | | |
| 8 | 5 | 西田 順二 | 77 | 52 | 63 | | | | | |
| 9 | 6 | 東 涼子 | 欠席 | 60 | 90 | | | | | |
| 10 | 7 | 松本 奈津子 | 78 | 68 | 欠席 | | | | | |
| 11 | 8 | 吉岡 晴翔 | 85 | 49 | 75 | | | | | |

英語に設定した数式を右方向にオートフィルでコピーしてもOK！

7 簡単な関数を使った計算をしてみよう

( 練習問題 )　　　07_rensyu.xlsx

問題：完成見本のように「学期末テスト」の「受験者数」「平均点」「最高点」「最低点」を求めましょう

### 元の表

| | A | B | C | D | E | F |
|---|---|---|---|---|---|---|
| 1 | 学期末テスト | | | | | |
| 2 | | | | | | |
| 3 | No | 氏名 | 点数 | | | |
| 4 | 1 | 太田　春樹 | 65 | | 受験者数 | |
| 5 | 2 | 倉本　雄一 | 78 | | 平均点 | |
| 6 | 3 | 篠原　奈々子 | | | 最高点 | |
| 7 | 4 | 野々村　華 | 98 | | 最低点 | |
| 8 | 5 | 宮崎　健司 | 38 | | | |
| 9 | 6 | 森沢　里佳子 | 87 | | | |
| 10 | 7 | 和田　美咲 | | | | |
| 11 | | | | | | |

### 完成見本

| | A | B | C | D | E | F |
|---|---|---|---|---|---|---|
| 1 | 学期末テスト | | | | | |
| 2 | | | | | | |
| 3 | No | 氏名 | 点数 | | | |
| 4 | 1 | 太田　春樹 | 65 | | 受験者数 | 5 |
| 5 | 2 | 倉本　雄一 | 78 | | 平均点 | 73.2 |
| 6 | 3 | 篠原　奈々子 | | | 最高点 | 98 |
| 7 | 4 | 野々村　華 | 98 | | 最低点 | 38 |
| 8 | 5 | 宮崎　健司 | 38 | | | |
| 9 | 6 | 森沢　里佳子 | 87 | | | |
| 10 | 7 | 和田　美咲 | | | | |
| 11 | | | | | | |

それぞれ、[オートSUM]（Σ）ボタンから[数値の個数][平均][最大値][最小値]を使って求めます。求める範囲（引数）は「セルC4からセルC10」を指定します。

> 「数値の個数」はLESSON 5、「平均」はLESSON 2、「最大値」はLESSON 3、「最小値」はLESSON 4を参考にしてやってみよう！

## 関数で作業を
## 効率アップしよう

関数では、基本的な計算だけでなく、より複雑な処理を行うこともできます。
ここでは条件ごとに表示結果を変えるIF関数や、検索した値からデータを取得する
VLOOKUP関数、ふりがなを表示するPHONETIC関数など、
知っておくと便利な関数の使いこなし術を紹介します。

CHAPTER 8
LESSON 1

\ IF関数のしくみを知ろう /

# 条件に合うか判定して、結果を表示する

#MOS　#IF　#条件分岐　#論理式

「点数が70点以上」なら「〇」、そうでなければ「×」のように、設定した条件によってセルに表示する内容を変えるにはIF関数を使います。まずはIF関数のしくみを理解しましょう。

## IF関数の基本

**IF関数の基本の型**

**例**

条件を設定して、その条件に合う場合と合わない場合に、それぞれ表示させる内容を指定します。

### 条件に合うか判定して、結果を表示するIF関数

＝IF（B3>=70,"合格","不合格"）

もしセルB3が70以上なら「合格」、そうでなければ「不合格」と表示してください！

### [関数の引数] ダイアログボックスでIF関数を理解しよう！

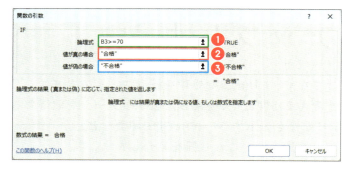

引数 [論理式] ❶ には条件、[値が真の場合] ❷ には条件に合う場合に表示する内容、[値が偽の場合] ❸ には条件に合わない場合に表示する内容を入力します。

引数に文字列を指定する場合は、「"」で囲む決まりがあります。[関数の挿入] ダイアログボックスでは「"」を自動的に追加してくれるので、入力は省略できます。

### 直接入力する場合の書式を理解しよう！

＝IF（論理式,値が真の場合,値が偽の場合）

それぞれの引数は「,」で区切ります。文字列を指定する場合は「"」で囲みます。

## 1 IF関数を設定する

08-01.xlsx

条件と、条件に応じて表示させる内容を設定しましょう。ここでは点数が70点以上であれば「合格」、そうでなければ「不合格」と表示させます。

### ➡ セルを選択し、[関数の挿入]ボタン(fx)からIF関数を選ぶ

❶セルC3をクリックし、

❷[関数の挿入]ボタン(fx)をクリックします。

❸[関数の挿入]ダイアログボックスで「IF」を選択し、

❹[OK]ボタンをクリックします。

### ➡ [論理式]に条件を入力する

❺[論理式]の欄をクリックします。

引数の最初の欄は自動的に選択されますが、念のためカーソルが表示されているか確認しましょう。

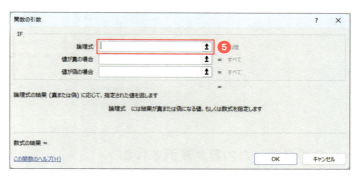

❻点数のセルB3をクリックし、

[論理式]の欄に直接「B3」と入力しても同じです。

❼続けて「以上」を表す「>=」を入力し、

❽続けて「70」と入力します。

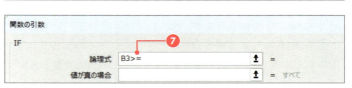

条件は「何が」にあたる主語から始めるのを忘れないでね！ここでは主語となる点数(セルB3)を最初に指定しているよ。

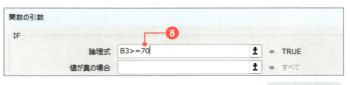

## → 条件に当てはまる場合に表示する値を入力する

❾ [値が真の場合]の欄に「合格」と入力します。

― ショートカットキー ―
次の入力欄に移動する：Tab

## → 条件に当てはまらない場合に表示させる値を入力する

❿ [値が偽の場合]に「不合格」と入力し、

文字を入力して次の欄に移動すると、自動的に「"」で囲まれます。

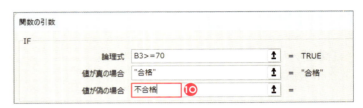

## → 入力を確定する

⓫ [OK]ボタンをクリックします。

## → 条件に合った内容が表示された

設定した条件に合う「合格」が表示されました。

数式バーを見ると、「=IF(B3>=70,"合格","不合格")」という式が入力されています。関数を直接入力する場合は、この式をセルC3に入力します。

「"」は「2（ふ）」のキーを Shift キーと一緒に押すよ。

やってみよう！
セルC3に設定したIF関数をセルC4からセルC7にコピーして、それぞれ表示された結果を確認しましょう。

178

## 実務で使える便利技♫

### 条件に当てはまらないときに「空白」を表示する

条件に当てはまらないときは「空白」にしたい場合、[値が偽の場合]に「""」ダブルクォーテーションを2つ続けて入力します❶。これは結果に空白を表示するという意味になります。なお、[値が偽の場合]に何も入力しなかった場合は「FALSE」という文字が表示されます。

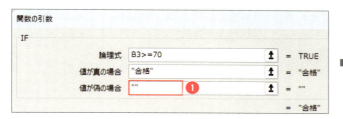

[値が偽の場合]に「""」を入力すると、[論理式]の条件に当てはまらないときに空白が表示されます。

## 実務で使える便利技♫

### 結果に文字以外を表示する

たとえば、「指定した金額以上」という条件に合うときは「20%引きの金額を表示」させる場合、[値が真の場合]に「B3*0.8」のように計算式を入力することもできます。

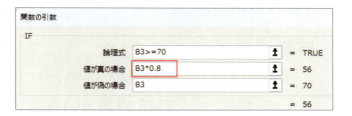

## もっと知りたい！

### 条件の指定で使う「比較演算子」

IF関数など、引数で[論理式]を指定する場合は「>＝」などの比較演算子を使いこなすのがポイントです。ここでその種類を理解しておきましょう。不等号の後ろに＝が付くか付かないかで結果が変わるので注意が必要です。たとえば70の場合、下表のようになります。

| 記号 | 条件 | |
|---|---|---|
| ＝ | 〜と等しい | |
| <> | 〜と等しくない | |
| > | 〜より大きい | 条件の数字を含まない |
| < | 〜より小さい | |
| >= | 〜以上 | 条件の数字を含む |
| <= | 〜以下 | |

| 例 | 意味 | |
|---|---|---|
| =70 | 70の場合 | |
| <>70 | 70以外の場合 | |
| >70 | 70より大きい（71〜） | 条件の数字を含まない |
| <70 | 70より小さい（〜69） | |
| >=70 | 70以上（70〜） | 条件の数字を含む |
| <=70 | 70以下（〜70） | |

指定した数字を含む場合は「＝」を付けよう！「イコールのい」は「以上」や「以下」の「い」と覚えてね♪

CHAPTER 8
LESSON 2

＼関数の組み合わせ（ネスト）の方法を知ろう／

# IF関数の条件を複数にする

https://dekiru.net/ykex24_802

#IF　#ネスト

IF関数を使って表示させる結果が3つ以上ある場合は、条件を複数設定するために、IF関数の中にさらにIF関数を入れます（「関数のネスト（または入れ子）」といいます）。ここでは関数を組み合わせる方法を知りましょう。

知りたい！

## IF関数の条件を増やしたい

たとえば点数が70点以上なら「優」、69点～40点なら「良」、39点以下は「可」を表示させたい場合、1つの条件では足りません。まず1つめのIF関数で「点数が70点以上」という条件を設定して、条件に当てはまる場合は「優」を表示させます。そして、条件に当てはまらない場合（[値が偽の場合]）でさらにIF関数を使って、「40点以上なら」という条件に当てはまる場合の「良」、そうでない場合の「可」に答えを分けます。

### IF関数に複数の条件を設定する

### テスト結果に応じて3段階の評価を付ける

IF関数を組み合わせると、答えのパターンをいくつでも増やせるよ。

＝IF（B3>=70, "優", IF（B3>=40, "良", "可"））

もしセルB3が70以上なら「優」、そうでなければ、もしセルB3が40以上なら「良」、そうでなければ「可」と表示してください！

## [1] IF関数を組み合わせる

08-02.xlsx

IF関数の中にIF関数を組み合わせて、点数が70点以上なら「優」、69点〜40点は「良」、39点以下は「可」と表示させます。

### 🡢 セルを選択し、1つめのIF関数の[論理式]を入力する

❶ セルC3をクリックし、

❷ 177ページの手順❷〜❹を参考にIF関数の[関数の引数]ダイアログボックスを表示します。

❸ [論理式]に「B3>=70」と入力します。

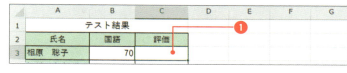

### 🡢 1つめの条件の[値が真の場合]を入力する

❹ [値が真の場合]に「優」と入力します。

### 🡢 名前ボックスから組み合わせる関数を選ぶ

❺ [値が偽の場合]にカーソルを移動し、

❻ [名前ボックス]の⌄をクリックして[IF]を選択します。

> 一覧にない場合は[その他の関数]から探します。

### 🡢 2つめの[関数の引数]ダイアログボックスに続けて入力する

❼ 2つめのIF関数の[関数の引数]ダイアログボックスが表示されるので、

❽ [論理式]に2つめの条件「B3>=40」を入力し、

❾ [値が真の場合]に「良」と入力し、

❿ [値が偽の場合]に「可」と入力して、

⓫ [OK]ボタンをクリックします。

次ページへ続く

## 条件に合った内容が表示された

複数の条件が設定できました。

数式バーを見ると、「=IF(B3>=70,"優",IF(B3>=40,"良","可"))」という式が入力されたことがわかります。関数をセルに直接入力する場合は、この式をセルC3に入力します。

### やってみよう！

セルC3に設定したIF関数をセルC4からセルC7にコピーして、それぞれ表示された結果を確認しましょう。

## 論理式に入力する条件の設定について

今回は1つめのIF関数で「点数が70点以上」、2つめのIF関数で「40点以上」という条件を設定しました。2つめの条件は「40点～69点」にしなくていいの？と思ったかもしれません。40点以上だと、70点より上の点数も含まれそうな気がしますね。でも、2つめのIF関数は、最初に設定した条件「70点以上」に当てはまらない［値が偽の場合］に入力しているので、この時点で69点以下の場合に対して条件を付けていることになります。「40点以上」と設定すると、自動的に「40点以上69点以下」を指し、この条件に当てはまらない場合は「39点以下」を指している、というわけです。

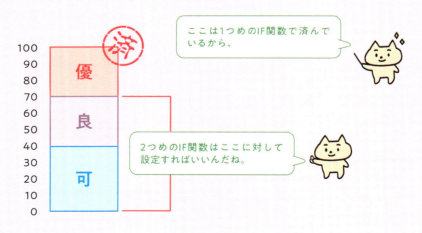

CHAPTER 8
LESSON 3

＼IF関数の条件を思い通りに設定しよう／

# 「AかつB」「AまたはB」の条件を作るAND関数とOR関数

#AND #OR

「AかつBならば○」や「AまたはBならば○」のような条件は、AND関数やOR関数を使って設定します。ここではこれらの関数を用いてIF関数に条件を設定してみましょう。

知りたい！

## AND関数とOR関数の基本

AND関数は「AかつB」を表す

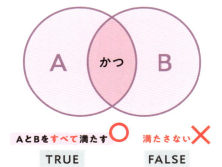

OR関数は「AまたはB」を表す

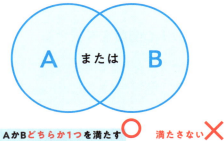

TRUEは「正しい（真の場合）」、FALSEは「間違っている（偽の場合）」という意味です。関数の判定結果として表示されるので覚えておきましょう。

= AND（B3>=70, C3>=70）

セルB3が70以上かつセルC3が70以上かを判定してください。

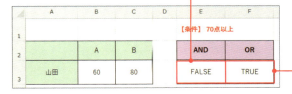

= OR（B3>=70, C3>=70）

セルB3が70以上またはセルC3が70以上かを判定してください。

## 直接入力する場合の書式を理解しよう！

= AND（論理式1, 論理式2…）

すべての論理式を満たす場合に「TRUE」となります。引数［論理式］には比較演算子（179ページ）で条件を指定します。

= OR（論理式1, 論理式2…）

どれか1つの論理式を満たす場合に「TRUE」となります。引数［論理式］には比較演算子（179ページ）で条件を指定します。

IF関数の条件にほかの関数を組み合わせると、答えのパターンの幅が広がるね。

183

08-03_1.xlsx

# [1] IF関数に「AかつB」の条件を設定する

IF関数の条件に「実技と筆記のどちらとも70点以上」を設定し、条件に合うなら「合格」、そうでなければ「不合格」が表示されるようにします。条件にはAND関数を使います。

## ⇒ IF関数の[関数の引数]ダイアログボックスを表示する

❶セルD4をクリックし、

❷177ページの手順❷～❹を参考にIF関数の[関数の引数]ダイアログボックスを表示します。

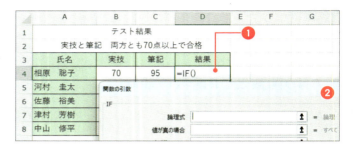

## ⇒ [論理式]にAND関数を選択する

❸[論理式]にカーソルがあることを確認して、[名前ボックス]の[その他の関数]をクリックし、

> 名前ボックスの一覧にAND関数があれば、そこをクリックすると❻の手順に進めます。

❹[関数の挿入]ダイアログボックスで[AND]を選択し、

❺[OK]ボタンをクリックします。

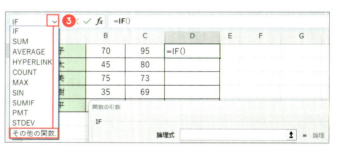

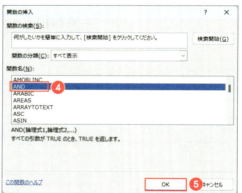

## ⇒ AND関数の論理式を入力する

❻AND関数の[関数の引数]ダイアログボックスに切り替わったことを確認し、

❼[論理式1]に「B4>=70」、[論理式2]に「C4>=70」と入力します。

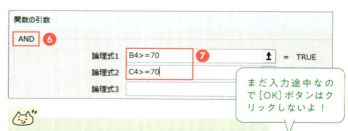

> まだ入力途中なので[OK]ボタンはクリックしないよ！

> 実技が70点以上、筆記が70点以上という条件をそれぞれの論理式に入力しています。

LESSON 3 「AかつB」「AまたはB」の条件を作るAND関数とOR関数

### IF関数の設定に戻る

❽ 数式バーに表示された関数の「IF」の文字をクリックすると、
❾ IF関数の［関数の引数］ダイアログボックスに切り替わります。

> IF関数の引数にAND関数の数式が丸ごと入力されていることを確認しましょう。このように、関数の引数に関数を入力することを、関数の「入れ子」（ネスト）といいます。

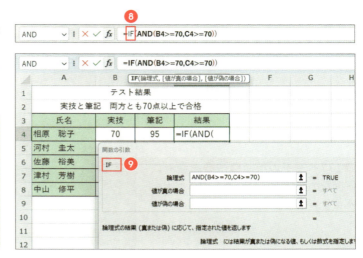

### IF関数の残りの引数を入力する

❿ ［値が真の場合］に「合格」と入力し、
⓫ ［値が偽の場合］に「不合格」と入力して
⓬ ［OK］ボタンをクリックします。

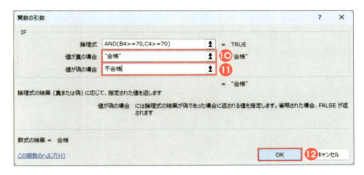

### 条件に合った内容が表示された

設定した条件に合う「合格」が表示されました。

> 数式バーを見ると、「=IF(AND(B4>=70,C4>=70),"合格","不合格")」という式が入力されています。関数を直接入力する場合は、この式をセルD4に入力します。

--- やってみよう！ ---

セルD4に設定した関数をセルD5からセルD8にコピーして、それぞれ表示された結果を確認しましょう。

| | A | B | C | D | E |
|---|---|---|---|---|---|
| 1 | | テスト結果 | | | |
| 2 | 実技と筆記 両方とも70点以上で合格 | | | | |
| 3 | 氏名 | 実技 | 筆記 | 結果 | |
| 4 | 相原 聡子 | 70 | 95 | 合格 | |
| 5 | 河村 圭太 | 45 | 80 | 不合格 | |
| 6 | 佐藤 裕美 | 75 | 73 | 合格 | |
| 7 | 津村 芳樹 | 35 | 69 | 不合格 | |
| 8 | 中山 修平 | 65 | 70 | 不合格 | |

185

08-03_2.xlsx

## ［2］ IF関数に「AまたはB」の条件を設定する

IF関数の条件に「実技と筆記のどちらか1つでも70点以上の場合」を設定し、条件に合うなら「合格」、そうでなければ「不合格」が表示されるようにします。条件はOR関数を使って設定します。

### ⇒ IF関数の［関数の引数］ダイアログボックスを表示する

❶ セルD4をクリックし、

❷ 177ページの手順❷～❹を参考にIF関数の［関数の引数］ダイアログボックスを表示します。

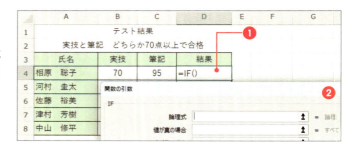

### ⇒ ［論理式］にOR関数を選択する

❸ ［論理式］にカーソルがあることを確認して、［名前ボックス］の［その他の関数］をクリックし、

> 名前ボックスの一覧にOR関数があれば、そこをクリックすると❻の手順に進めます。

❹ ［関数の挿入］ダイアログボックスで［OR］を選択し、

❺ ［OK］ボタンをクリックします。

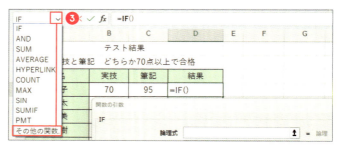

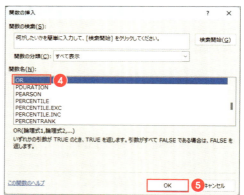

### ⇒ OR関数の論理式を入力する

❻ OR関数の［関数の引数］ダイアログボックスに切り替わったことを確認し、

❼ ［論理式1］に「B4>=70」、［論理式2］に「C4>=70」と入力します。

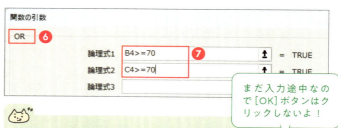

> まだ入力途中なので［OK］ボタンはクリックしないよ！

実技が70点以上、筆記が70点以上という条件をそれぞれの論理式に入力しています。

### ➡ IF関数の設定に戻る

❽ 数式バーに表示された関数の「IF」の文字をクリックすると、
❾ IF関数の[関数の引数]ダイアログボックスに切り替わります。

> IF関数の引数にOR関数の数式が丸ごと入力されていることを確認しましょう。

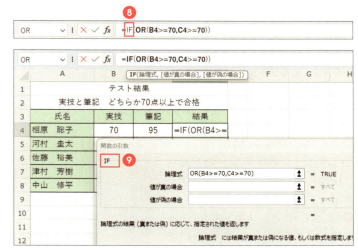

### ➡ IF関数の残りの引数を入力する

❿ [値が真の場合]に「合格」と入力し、
⓫ [値が偽の場合]に「不合格」と入力して
⓬ [OK]ボタンをクリックします。

### ➡ 条件に合った内容が表示された

設定した条件に合う「合格」が表示されました。

> 数式バーを見ると、「=IF(OR(B4>=70,C4>=70),"合格","不合格")」という式が入力されています。関数を直接入力する場合は、この式をセルD4に入力します。

― やってみよう！ ―
セルD4に設定した関数をセルD5からセルD8にコピーして、それぞれ表示された結果を確認しましょう。

# [3] 条件ごとに3通りの表示を切り替える

`08-03_3.xlsx`

IF関数の条件に「AND関数」と「OR関数」を使って、実技と筆記の両方70点以上であれば「合格」、実技と筆記のどちらかが70点以上であれば「再テスト」、実技と筆記どちらも70点以上でない場合は「不合格」の3つのパターンで結果を設定しましょう。

## ⇒ 1つめの条件（実技と筆記の両方が70点以上であれば「合格」）を設定する

❶ セルD7をクリックし、
❷ 177ページの手順❷～❹を参考にIF関数の［関数の引数］ダイアログボックスを表示し、
❸［論理式］にカーソルがあることを確認して、［名前ボックス］からAND関数を選択します。
❹ AND関数の［関数の引数］ダイアログボックスに切り替わったことを確認し、
❺［論理式1］に「B7>=70」、［論理式2］に「C7>=70」と入力します。

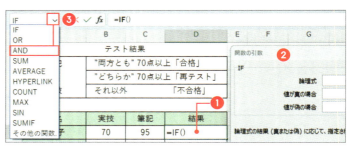

## ⇒ 1つめの表示内容（合格）を設定する

❻ 数式バーの「IF」をクリックして、IF関数の［関数の引数］ダイアログボックスに戻ったら、

❼［値が真の場合］に「合格」と入力します。

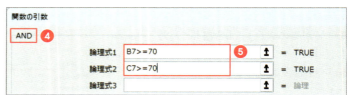

## ⇒ 2つめの条件（実技と筆記のどちらかが70点以上であれば「再テスト」）を設定する

❽［値が偽の場合］をクリックして、
❾［名前ボックス］からIF関数を選びます。

まだ「再テスト」と「不合格」の2つの答えが残っているので、こちらもIF関数から始めます（IF関数の条件にOR関数を使います）。

❿［名前ボックス］からOR関数を選択します。

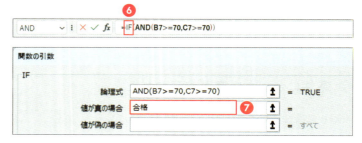

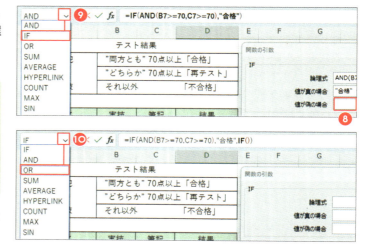

❶ OR関数の[関数の引数]ダイアログボックスに切り替わったことを確認し、
⓬ [論理式1]に「B7>=70」、[論理式2]に「C7>=70」と入力します。

### 2つめと3つめの表示内容（再テスト、不合格）を設定する

⓭ 数式バーから2つめのIFをクリックします。

⓮ IF関数の[関数の引数]ダイアログボックスに戻ったことを確認し、
⓯ [値が真の場合]に「再テスト」と入力、
⓰ [値が偽の場合]に「不合格」と入力して
⓱ [OK]ボタンをクリックします。

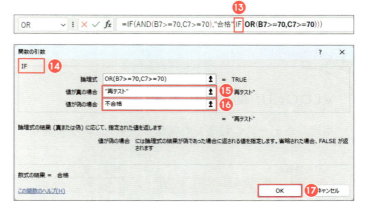

### 条件に合った内容が表示された

設定した条件に合う「合格」が表示されました。
セルD7に設定した関数をセルD8からセルD11にコピーして、それぞれ表示された結果を確認しましょう。

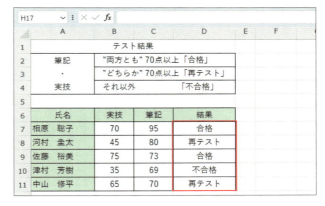

## 途中で[OK]をクリックしてしまったら

関数の入力が終わっていない状態で[関数の引数]ダイアログボックスの[OK]ボタンをクリックすると、❶のようなエラーが出ます。このメッセージの[OK]ボタンをクリックしてから❷、数式バーの[fx]❸をクリックすると関数の続きを入力できます。

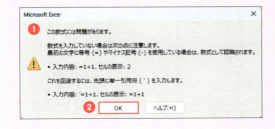

189

CHAPTER 8
LESSON 4

＼入力の手間もミスも省ける♪／

## 商品コードに対応する商品名や価格を表示する

#VLOOKUP　#検索

表に「商品コード」を入力すると、別表から商品コードに対応する「商品名」や「価格」のデータを探して自動で表示したい場合がありますが、そういうときに使えるのがVLOOKUP（ブイルックアップ）関数です。実務でもよく使われるとても便利な関数です。

知りたい！

### VLOOKUP関数のしくみ

指定したデータに対応した情報を、別の表から検索して取得する

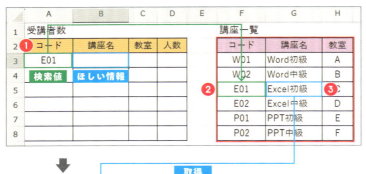

表に「検索値」を入力すると、別の表からその検索値を探し出し、検索値と同じ行にある情報を取得します。

左の例では、

❶ 受講者数表のセルA3に入力した「E01」を検索値として、

❷ 講座一覧表の左端の列から「E01」を検索して、

❸ 「E01」と同じ行の左から2列目にある「Excel初級」という情報を取得しています。

= VLOOKUP（A3, $F$3:$H$8, 2, 0）

セルA3の値を、セルF3からセルH8の範囲の**左端の列で上から下方向に検索**して、見つけたらその行の2列目の情報を取得（表示）してください！

一覧表は、「検索値」が「いちばん左端の列」になるように作ってね。

## ［関数の引数］ダイアログボックスでVLOOKUP関数を理解しよう！

引数［検索値］❶には、検索したいデータが入力されたセル番号を指定します。［範囲］❷は、検索する一覧表のセル範囲を指定します。また、［列番号］❸は、引数［範囲］内の左から何列目かを指定します。最後の［検索方法］❹は、検索値が見つからない場合の処理方法を指定します。「0」にすると完全に一致するものを検索します。

### 直接入力する場合の書式を理解しよう！

＝VLOOKUP（検索値,範囲,列番号,検索方法）

引数［範囲］は、関数をコピーしたときにずれないように絶対参照で指定します。最後の［検索方法］を省略する場合は、列番号まででカッコを閉じます。

## ［1］ VLOOKUP関数を入力する

08-04.xlsx

データを参照するための「一覧表」を準備し、VLOOKUP関数を設定します。ここでは表にコードを入力すると、一覧表から一致したコードを探して「講座名」「教室」が表示されるようにします。

### 一覧表を準備する

❶「コード」「講座名」「教室」の一覧表を作成します。このとき、検索に使うキーワード（検索値）が、必ず表のいちばん左に来るようにします。

> 参照する一覧表は、別のシートに作っても大丈夫です。別シートを参照する方法は149ページで解説しています。

### 検索値を入力し、検索結果を表示するセルを選択する

❷「検索値」となる値を入力し、

❸「講座名」を表示させるセルB3をクリックします。

> 講座名を表示させるセル＝関数を入力するセルです。

## ➡ VLOOKUP関数の［関数の引数］ダイアログボックスで［検索値］を指定する

❹CHAPTER 6のLESSON 5を参考にVLOOKUP関数の［関数の引数］ダイアログボックスを表示し、
❺引数［検索値］にカーソルがあることを確認して、
❻検索したいコードが入力されたセルA3をクリックします。

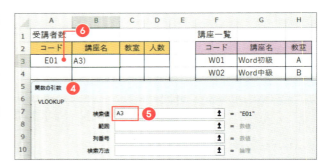

## ➡ 検索する［範囲］を指定する

❼引数［範囲］の⬆をクリックします。
❽参照する一覧表の範囲（セルF3からセルH8）をドラッグして、

> 一覧表を選択するときも、必ず検索する列が左端に来るようにします。

❾F4キーを押して絶対参照にします。
❿⬇をクリックします。

> ほかのセルに関数をコピーしたときに一覧表の範囲が動かないように、絶対参照にするのを忘れないようにしましょう。なお、参照する表をテーブルにすると範囲の増減に自動で対応します（230ページ）。

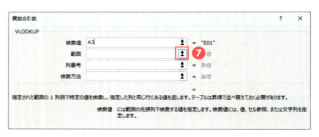

## ➡ ［列番号］に、一覧表の左から何番目のデータを表示させるか入力する

⓫引数［列番号］に「2」と入力します。

> セルA3に入力した検索値（コード）と、一覧表のコードが一致した場合、左端のコードから数えて何列目の情報を表示させたいかを［列番号］に指定します。今回は表示させる「講座名」が左端のコードから数えて2番目なので「2」と入力します。

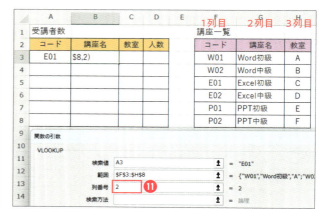

## ➡ [検索方法]に「0」(FALSE)と入力する

⓬ [検索方法]に「0」と入力して、
⓭ [OK]ボタンをクリックします。

検索方法には、検索値と一致するデータが一覧にない場合の処理を指定します。「完全に一致するデータがなければエラーを表示」する場合は、0を入力します（詳しくは「もっと知りたい」を参照）。

## ➡ 条件に合った内容が表示された

検索値の「E01」に一致する「講座名」の「Excel初級」が表示されました。

数式バーを見ると、「=VLOOKUP(A3,$F$3:$H$8,2,0)」という式が入力されています。関数をセルに直接入力する場合は、この式をセルB3に入力します。

### やってみよう！

同様の手順で、セルC3に「教室」を表示させるVLOOKUP関数を設定しましょう。引数[列番号]には「教室」のある3列目を指定します。

講座名や教室を変えたい場合は、コードを入力し直しましょう。

## もっと知りたい！

## 引数[検索方法]について

入力した検索値と同じデータが一覧表にない場合、どのように処理するかを引数[検索方法]で指定します。引数[検索値]に「0」または「FALSE」と入力すると、検索値と完全に一致する値が見つかった場合のみ検索結果を表示して、見つからない場合はエラー（#N/A）を表示します。もし検索値と完全に一致しなくても、いちばん近いデータを表示させる場合は[検索方法]を省略するか「1」または「TRUE」を指定します。近似一致となり、検索値を超えない範囲でいちばん近いデータを表示します。たとえばこのレッスンの例で、一覧表にはない「E03」❶を検索値に入力した場合、一覧表から「E02」❷の内容を表示します。

CHAPTER 8
LESSON 5

\ いろんな関数に応用できます /

# 空欄のエラーを非表示にする

https://dekiru.net/ykex24_805

#VLOOKUP　#IF　#エラー表示

VLOOKUP関数の検索値が未入力の場合「#N/A」のエラーが表示されます。エラーが出ると見栄えが気になる、エラーが印刷されて困る場合は、検索値が空欄のときには「空白」を表示しましょう。

## 知りたい！ 「エラー」の場合、空白にする

これを……

前のレッスンでセルB3とセルC3に入力したVLOOKUP関数をセルB8・セルC8までコピーすると、「#N/A」エラーが表示されます。

関数に必要な「検索値」がないからエラーが表示されるんだね。

こうする！

VLOOKUP関数をコピーしたときにエラーを表示せず、空白になるようにします。

VLOOKUP関数だけでなく、いろんな関数で応用できるテクニックだよ。

08-05.xlsx

## [1] IF関数とVLOOKUP関数を組み合わせる

IF関数を使って、検索値のコードが空欄であれば「空白を表示」、そうでなければVLOOKUP関数の結果を表示するようにします。

### ➡ IF関数で、検索値が空欄のときは空白を表示する条件を設定する

❶セルB3をクリックし、

❷CHAPTER 6のLESSON 5を参考にIF関数の[関数の引数]ダイアログボックスを表示します。

❸ 引数[論理式]に「A3=""」と入力し、
❹ 引数[値が真の場合]に「""」と入力します。

IF関数から始めるのがポイントです。ここまでで「セルA3が空白」のときは「空白」を表示する、という設定にできました。

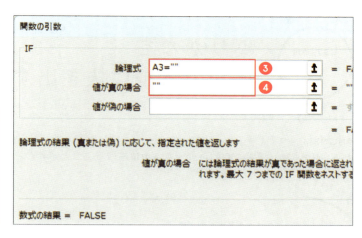

## ⇒ IF関数の[値が偽の場合]にVLOOKUP関数を入力する

❺ [値が偽の場合]をクリックして、
❻ [名前ボックス]からVLOOKUP関数を選択します。

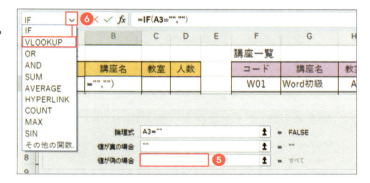

❼ 192ページと同じVLOOKUP関数の引数を指定して、

❽ [OK]ボタンをクリックします。

## ⇒ コードが空欄のときにエラーが表示されなくなった

設定した関数を下のセルにコピーすると、「コード」が空欄のときはエラーではなく「空白」が表示されるようになりました。

― やってみよう! ―
「教室」も同様の手順で、IF関数とVLOOKUP関数を組み合わせて、検索値が空欄のときには空白を表示させましょう。

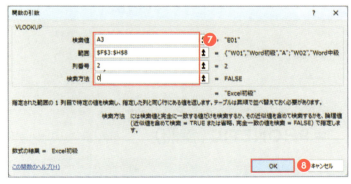

## CHAPTER 8 LESSON 6

\ 別のセルに表示できます /

# ふりがなを ほかのセルに抜き出す

#PHONETIC　#ふりがな

PHONETIC（フォネティック）関数を使うと、ふりがな情報を取り出して別のセルに表示できます。このとき表示されるふりがなは、「漢字に変換したときの入力情報」であることがポイントです。

### 知りたい！

## PHONETIC関数の基本

### ふりがなを別のセルに抜き出すPHONETIC関数

= PHONETIC（B3）

セルB3のふりがなを抜き出してください！

### [関数の引数]ダイアログボックスでPHONETIC関数を理解しよう！

引数[参照]に、ふりがなを抜き出したい文字列が入力されたセル番号を指定します。

### 直接入力する場合の書式を理解しよう！

= PHONETIC（参照）　　引数[参照]は、セル番号を指定します。

---

08-06.xlsx

## [1] PHONETIC関数を入力する

ここではセルB3に入力された「氏名」のふりがなをセルC3に表示します。

➡ ふりがなを表示するセルを選択し、PHONETIC関数を入力する

❶ セルC3をクリックし、

❷ CHAPTER 6のLESSON 5を参考にPHONETIC関数の[関数の引数]ダイアログボックスを表示します。

## ふりがなを取り出すセルを指定する

❸ 引数［参照］に、ふりがなを取り出したいセルB3を指定して、

❹ ［OK］ボタンをクリックします。

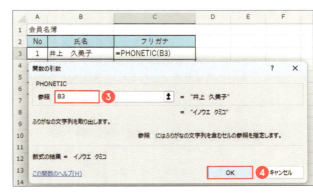

## ふりがなが表示された

ふりがなが表示されました。オートフィルで関数をセルC6までコピーして結果を確認してみましょう。

---

\ 実務で使える便利技♪ /

## ふりがなを平仮名にする

ふりがなは初期状態ではカタカナですが、平仮名にすることもできます。

 ➡

### ［ふりがなの設定］ダイアログボックスで設定する

❶ ふりがなを取り出したいセルを選択して、

❷ ［ホーム］タブの［ふりがなの表示／非表示］から［ふりがなの設定］をクリックします。

❸ ［種類］を「ひらがな」にして、

❹ ［OK］ボタンをクリックします。

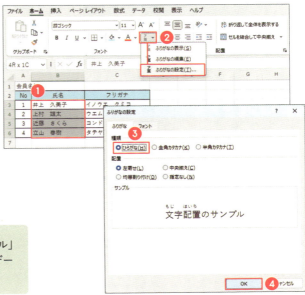

 設定をするのは「PHONETIC関数を入力したセル」ではなく、「ふりがな情報を取り出す『氏名』のデータ」というのが大事なポイントです。

## ふりがなを修正したい

Excelでは、セルに入力したときの情報をふりがなとして表示しています。そのため、「上村（カミムラ）」を「ウエムラ」と入力して漢字変換した場合、ふりがなは「ウエムラ」になります。また、WordなどExcel以外のアプリからコピーして貼り付けたデータはExcelが入力情報を持っていないため、ふりがなが表示されません。それぞれ以下の方法で修正します。

### ふりがなが違う場合

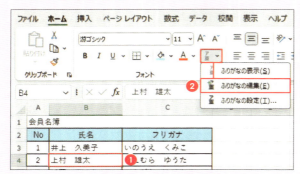

ふりがなを修正したい文字列が入力されたセルを選択して❶、［ふりがなの表示 / 非表示］から［ふりがなの編集］をクリックします❷。

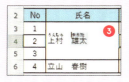

すると現在のふりがな情報が表示され、編集できるようになるので❸、編集したい部分にカーソルを移動して入力し❹、Enterキーを押して確定します❺。

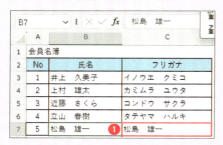

### ふりがなが表示されない場合

左図の「松島　雄一」はWordからコピーして貼り付けたため、PHONETIC関数を入力してもふりがなが表示されません❶。

この場合も、上の手順と同様に「氏名」のセルB7を選択して［ふりがなの編集］をクリックします。
するとExcelが予測したふりがなが表示されるので❷、必要に応じて編集してEnterキーを押して確定します❸。

CHAPTER 8
LESSON 7

＼数値以外も数えられる！／

# データが入力された セルを数える

https://dekiru.net/ ykex24_807

#MOS　#COUNTA　#データが入力されたセルの個数

指定した範囲から「データが入力されたセルの個数」を数えるときは、COUNTA（カウントエー）関数を使います。COUNT関数（172ページ）との違いは、「数値」以外も数えられる点です。

知りたい！

## COUNTA関数の基本

### 「データが入力されたセル」の個数を数えるCOUNTA関数

= COUNTA（B4：B11）

セルB4からセルB11のデータが入力されたセルの個数を求めてください！

### ［関数の引数］ダイアログボックスでCOUNTA関数を理解しよう！

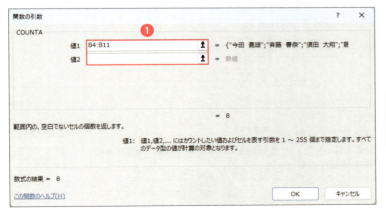

引数［値］❶には、データが入力されているか数えたいセル範囲を指定します。

「空白以外のセル」を数えたいときはCOUNTA関数を使おう！

### 直接入力する場合の書式を理解しよう！

= COUNTA（値1,値2…）

対象となるセルを複数指定するときは「,」で区切ります。範囲を指定するときは範囲の最初のセル番号と最後のセル番号を「:」でつなぎます。

08-07.xlsx

# [1] COUNTA関数を入力する

ここでは、受験者の総数を数えるために、氏名の範囲を指定してデータが入力されたセルの個数を数えます。

## 個数を表示したいセルを選択してCOUNTA関数を入力する

❶個数を表示したいセルを選択して、

❷CHAPTER 6のLESSON 5を参考にCOUNTA関数の［関数の引数］ダイアログボックスを表示します。

❸引数［値1］にカーソルがあることを確認して、

❹数えたい範囲を選択したら、

❺［OK］ボタンをクリックします。

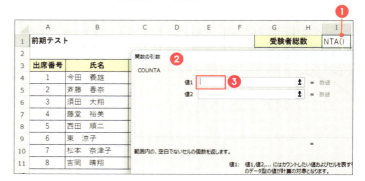

## 受験者数が表示された

引数［値1］に指定した範囲のデータの個数が表示されました。

> データの数を「今だけ一瞬知りたい！」という場合に、わざわざCOUNTA関数を設定するのも、数えるのも面倒……。そんなときは、ステータスバーで簡単にデータの個数を確認できます。データが入っている範囲をドラッグで選択して、画面右下のステータスバーを見てみてください。データの個数が表示されています。この数は入力データの個数をカウントしているので、働きとしてはCOUNTA関数と同じです。

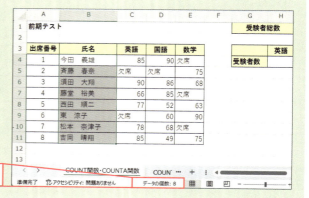

CHAPTER 8
LESSON 8

＼数値以外も数えられる！／

# 空白セルの数を数える

#MOS　#COUNTBLANK　#空白セルの数

指定した範囲にある「空白のセル」の数を数えるときは、COUNTBLANK（カウントブランク）関数を使います。

知りたい！

## COUNTBLANK関数の基本

### 「空白のセル」を数えるCOUNTBLANK関数

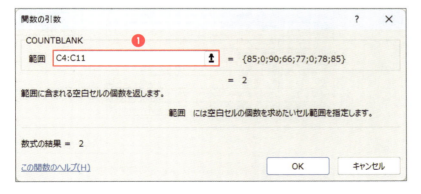

= COUNTBLANK（C4：C11）

セルC4からセルC11のデータが入力されていないセルの個数を求めてください！

### ［関数の引数］ダイアログボックスでCOUNTBLANK関数を理解しよう！

引数［範囲］❶には、空白のセル（データが入力されていないセル）を数えたい範囲を指定します。

### 直接入力する場合の書式を理解しよう！

= COUNTBLANK（範囲）

範囲を指定するときは範囲の最初のセル番号と最後のセル番号を「：」でつなぎます。

201

08-08.xlsx

# [1] COUNTBLANK関数を入力する

ここでは、各教科の欠席者数を数えるために、指定した範囲から空白セルの個数を求めます。

## ➡ 個数を表示したいセルを選択してCOUNTBLANK関数を入力する

❶個数を表示したいセルを選択して、

❷CHAPTER 6のLESSON 5を参考にCOUNTBLANK関数の[関数の引数]ダイアログボックスを表示します。

❸引数[範囲]にカーソルがあることを確認して、

❹数えたい範囲を選択したら、

❺[OK]ボタンをクリックします。

## ➡ 欠席者数が表示された

引数[範囲]に指定した範囲の空白セルの個数が表示されました。

---

### やってみよう！

残りの国語と数学の欠席者数も求めましょう。英語に設定した数式を右方向にオートフィルでコピーすると簡単です。

CHAPTER 8
LESSON 9

＼指定した条件に一致するセルだけ数えられる！／

# 条件に当てはまるセルを数える

https://dekiru.net/ykex24_809

#COUNTIF

指定した範囲から「条件に一致するセル」の個数を数えるときは、COUNTIF（カウントイフ）関数を使います。

知りたい！

## COUNTIF関数の基本

### 「条件に当てはまるセル」を数えるCOUNTIF関数

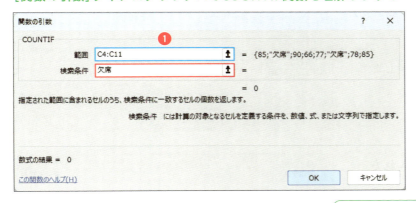

= COUNTIF(C4:C11, "欠席")

セルC4からセルC11の「欠席」と入力されたセルの個数を求めてください！

### ［関数の引数］ダイアログボックスでCOUNTIF関数を理解しよう！

引数［範囲］❶には、セルを数えたい範囲を指定し、引数［検索条件］❷には数えたい条件（文字列や数値、数式など）を指定します。

### 直接入力する場合の書式を理解しよう！

= COUNTIF(範囲, 検索条件)

［検索条件］に文字列を指定する場合は「"」で囲みます。

引数［検索条件］には、検索したい文字などが入力されたセル番号を絶対参照で指定してもOK！

203

8 関数で作業を効率アップしよう

08-09.xlsx

## [1] COUNTIF関数を入力する

ここでは各教科の欠席者数を数えるために、指定した範囲から、「欠席」と入力されていることを条件にセルの個数を求めます。

### 個数を数える[範囲]を指定する

❶個数を表示したいセルを選択して、

❷CHAPTER 6のLESSON 5を参考にCOUNTIF関数の[関数の引数]ダイアログボックスを表示します。

❸引数[範囲]にカーソルがあることを確認して、

❹数えたい範囲を選択します。

### [条件]を指定する

❺引数[検索条件]に「欠席」と入力して、

❻[OK]ボタンをクリックします。

### 欠席者数が表示された

指定した範囲内で、「欠席」と入力されたセルの個数が表示されました。

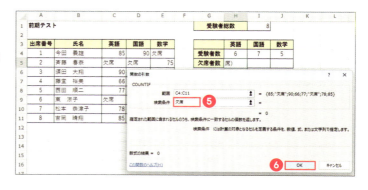

# データを便利に
# 分析・活用しよう

Excelに入力したデータは、さまざまな条件で並べ替えたり、
必要なデータだけ抽出したりできます。
また、条件ごとにセルに色を付ける方法や、表をテーブルに変換して
効率的に入力や集計を行う方法も学びましょう。

CHAPTER 9 LESSON 1

＼条件の付け方を覚えよう／

## データを並べ替える

https://dekiru.net/ykex24_901

#MOS　#並べ替え　#昇順　#降順

データを「数値の大きい(小さい)順」や「50音順」、「指定した店舗の順番」などに並べ替えることで、データが整理され、分析しやすい表になります。条件の付け方や複数条件を付ける場合の優先順位について知りましょう。

知りたい！

## 並べ替えの基本

### 上から下・小さい順の「昇順」

[昇順]ボタンをクリックすると、データが昇順で並べ替わります。

| 1 | A | あ | 2024/12 |
| 2 | B | い | 2025/1 |
| 3 | C | う | 2025/2 |
| 4 | D | え | 2025/3 |
| 5 | E | お | 2025/4 |

小さい順（1・2・3…）、アルファベット順（ABC…Z）、五十音順（あいう…ん）、日付の古い順に並びます。

### 下から上・大きい順の「降順」

[降順]ボタンをクリックすると、データが降順で並べ替わります。

| 5 | E | お | 2025/4 |
| 4 | D | え | 2025/3 |
| 3 | C | う | 2025/2 |
| 2 | B | い | 2025/1 |
| 1 | A | あ | 2024/12 |

大きい順（…3・2・1）、アルファベットの逆順（ZYX…A）、五十音の逆順（んをわ…あ）、日付の新しい順に並びます。

### いろいろな条件で並べ替えできる

[並べ替え]ダイアログボックスを使えば、項目ごとに設定した優先順位で全体を並べ替えできます。この場合、「コード」を最優先で昇順で並べ替えて、次に「売上金額」が大きい順になるようにしています。

コード番号ごとに、売上金額の大きい順に並べ替えられました。

# Lesson 1 データを並べ替える

09-01_1.xlsx

## [1] データを並べ替える

データの並べ替えの基準となる列をクリックし、[昇順]または[降順]ボタンで並べ替えます。ここでは「コード」を基準に「昇順」で並べ替えます。

### ➡「コード」のセルをクリックし、[データ]タブの[昇順]をクリックする

❶ 並べ替えの基準となるD列の「コード」のいずれかのセルをクリックし、

❷ [データ]タブの[昇順]をクリックすると、

### ➡ コードを基準にデータが並べ替えられた

「コード」の昇順にデータが並べ替わりました。まず「G01-1」が上に来て、次に「G01-2」「G01-3」……とコードのアルファベット、数字の順通りに並んだことを確認しましょう。

> 並べ替える基準となる列のいずれか「1つのセル」をクリックします。先頭の項目名は自動で判別されるので、並べ替えの対象にはなりません。

09-01_2.xlsx

## [2] 並べ替えを元に戻す

並べ替えたデータを元に戻すには、「NO」で昇順に並べ替えます。

### ➡ 並べ替えの基準となるセルをクリックする

❶ 並べ替えの基準となるA列の「NO」の列のいずれかのセルをクリックします。

次ページへ続く

207

### ➡ [データ] タブの [昇順] をクリックする

❷ [データ] タブの [昇順] をクリックすると、

### ➡ 並べ替えが元に戻った

元の順番に戻りました。

> あらかじめ、並べ替えを元に戻すため、1から順の「連番」や「会員No」などの列を用意しておくのがポイントです。ない場合は、並べ替えた直後であれば[元に戻す]で戻せますが、そうでなければ元の並びには戻せないので注意が必要です。

---

**やってみよう！**

「売上金額」の大きい順（降順）に並べ替え、結果を確認したら並べ替えを元に戻しましょう。

＜ヒント＞
「売上金額」のいずれかのセルをクリックし、[降順]をクリックします。

---

09-01_3.xlsx

## [3] 複数の条件でデータを並べ替える

データを、「コード」を基準に昇順で並べ替え、同じコードのデータが複数ある場合は、さらに「売上金額」の大きい順に並べ替えます。複数の条件を設定するには[並べ替え]ダイアログボックスを使い、優先順位の高いほうから設定します。

### ➡ [並べ替え] ダイアログボックスを表示する

❶ 表のいずれかのセルをクリックし、
❷ [データ] タブの [並べ替え] をクリックすると、

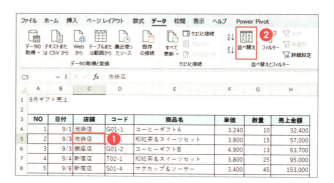

❸[並べ替え]ダイアログボックスが表示されます。

### 最優先する条件を設定する

❹[最優先されるキー]から「コード」を選択し、
❺[順序]が[昇順]になっていることを確認します。

### 次に優先する条件を設定する

❻[レベルの追加]をクリックします。

❼[次に優先されるキー]から「売上金額」を選択し、
❽[順序]から[大きい順]を選択して、
❾[OK]ボタンをクリックします。

### 「コード」→「売上金額」の順番でデータが並べ替えられた

「コード」の昇順で並べ替えて、同じコードは「売上金額」の降順でデータが並べ変わりました。
確認したら元の順番に戻しておきましょう。

同じコードの場合、売上金額の大きい順に並んでいるね。

[並べ替え]ダイアログボックスでは、優先するキーの順番は ∧ ∨ で変えることができます❶。また、[レベルの削除]ボタンで、設定した条件を削除できます❷。並べ替える表の先頭行が見出しではなくデータの場合は、[先頭行をデータの見出しとして使用する]のチェックを外しましょう❸。

＼ 実務で使える便利技 ♫ ／

## セルの色や文字色で並べ替える

セルや文字に色を付けた場合、色で並べ替えることができます。

［並べ替え］ダイアログボックスで、［最優先されるキー］に色が設定された項目名を選択し❶、［並べ替えのキー］を［セルの色］❷、［順序］で並べ替えたい色❸と［上］❹を選択します。

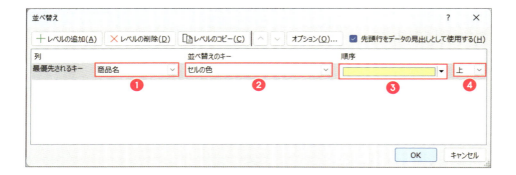

＼ 実務で使える便利技 ♫ ／

## オリジナルの順番で並べ替える

88ページで解説したユーザー設定リストを使って、「銀座店」「新宿店」「池袋店」のように、オリジナルの順番で並べ替えることもできます。［並べ替え］ダイアログボックスの［最優先されるキー］でユーザー設定リストで並べ替えたい項目を選び、［順序］で［ユーザー設定リスト］を選択します❶。

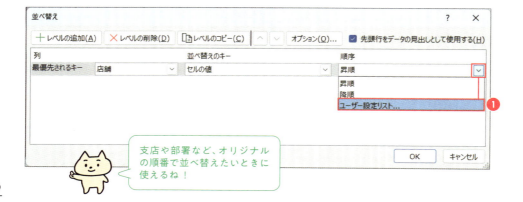

支店や部署など、オリジナルの順番で並べ替えたいときに使えるね！

LESSON 1 データを並べ替える

［ユーザー設定リスト］ダイアログボックスが表示されるので、ユーザー設定リストを選択し❷、［並べ替え］ダイアログボックスで［OK］ボタンをクリックします。するとユーザー設定リストの順番で並び変わります❸。

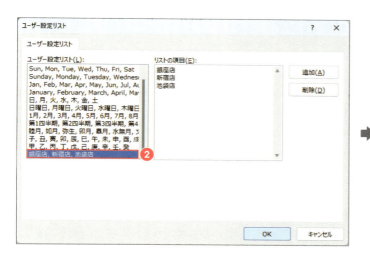

＼実務で使える便利技♬／
## 合計行を除いて並べ替える

合計行がある表を降順で並べ替えると、下図のように合計が先頭に来てしまいます。

このような場合は、並べ替えたくない行を除いて範囲選択してから並べ替えを行います。

並べ替えたくない
行を除いて選択

CHAPTER 9
LESSON 2

\条件に合うデータだけ表示します/

# データを抽出する

#MOS #フィルター

「フィルター」を使うと、指定した条件に一致するデータだけ絞り込んで表示できます。条件に合わないデータは削除ではなく「非表示」にしているので、いつでも表示を元に戻せます。

## データの抽出とは

**表内から、特定のデータだけを表示したい！**

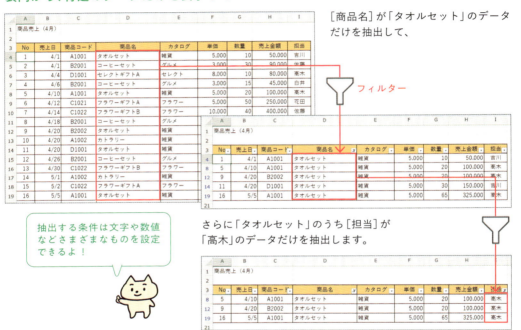

[商品名] が「タオルセット」のデータだけを抽出して、

フィルター

さらに「タオルセット」のうち [担当] が「高木」のデータだけを抽出します。

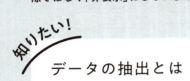

抽出する条件は文字や数値などさまざまなものを設定できるよ！

## フィルター画面の見方

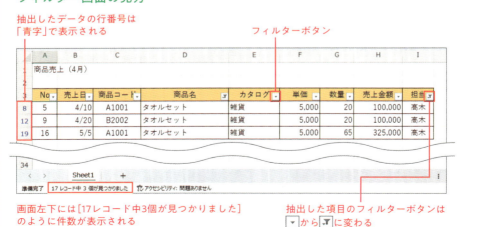

抽出したデータの行番号は「青字」で表示される

フィルターボタン

画面左下には [17レコード中3個が見つかりました] のように件数が表示される

抽出した項目のフィルターボタンは ▼ から ▼ に変わる

## [1] 特定のデータを抽出する

`09-02_1.xlsx`

データを抽出するには、項目名にフィルターボタンを表示して、抽出したいデータを指定します。ここでは「商品名」が「タオルセット」のデータを抽出して表示します。

### ⇒ フィルターボタンを表示する

❶ 表の中のいずれかのセルをクリックし、
❷［データ］タブの［フィルター］をクリックすると、

❸ 表の各項目名にフィルターボタン▼が表示されます。

### ⇒ フィルターボタンから抽出したいデータを選択する

❹［商品名］のフィルターボタン▼をクリックし、

❺［(すべて選択)］をクリックしてすべてのチェックを外します。

> ［すべて選択］をクリックすると、一括して全項目の選択と選択解除が行えます。「すべて選択」とは、すべてが抽出（表示）されている状態ということです。

❻ 表示したい［タオルセット］をクリックしてチェックを入れて、

❼［OK］ボタンをクリックします。

### ⇒「タオルセット」のデータが抽出された

「商品名」が「タオルセット」のデータが抽出されました。さらに「担当者」や「売上日」などで絞り込んで抽出できます。

## [2] フィルターを解除する

09-02_2.xlsx

フィルターを解除して、すべてのデータを表示しましょう。個別にフィルターを解除する方法と、一括解除する方法があります。

### ⇒ 項目名のフィルターボタンから[フィルターをクリア]をクリックする

❶「商品名」のフィルターボタン をクリックし、
❷["商品名"からフィルターをクリア]をクリックします。

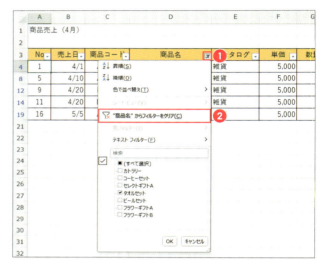

### ⇒ フィルターが解除された

「商品名」のフィルターが解除され、すべてのデータが表示されました。

[データ]タブの[フィルター]をクリックすると、項目名のフィルターボタン が非表示になります。データを抽出していた場合は、抽出が解除されてすべてのデータが表示されます。

複数の項目に設定したフィルターを一括解除する場合は、[データ]タブの[クリア]をクリックします。

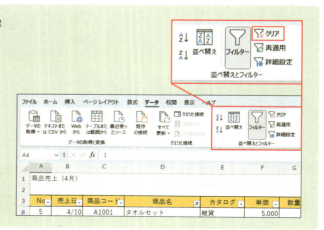

# [3] 「日付」条件でデータを抽出する

`09-02_3.xlsx`

日付フィルターを使って、さまざまな日付の条件を指定してデータを抽出できます。ここでは「売上日」が「4/10から4/20まで」のデータを抽出して表示します。

## ➡ 「売上日」のフィルターボタンから「日付フィルター」をクリックする

❶「売上日」のフィルターボタン▼をクリックし、
❷[日付フィルター]の[指定の範囲内]をクリックします。

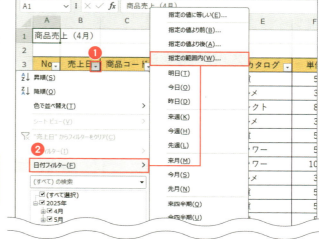

日付フィルターからは、ほかにもいろいろな条件が選べます。

## ➡ 条件を指定する

❸[カスタムオートフィルター]ダイアログボックスが表示されます。
❹「売上日」の[以降]に「2025/4/10」と入力し、
❺「売上日」の[以前]に「2025/4/20」と入力し、
❻[OK]ボタンをクリックします。

## ➡ 「4月10日から4月20日まで」のデータが表示された

「売上日」が「4月10日〜4月20日」のデータが抽出されました。確認したら[売上日]のフィルターを解除しておきましょう。

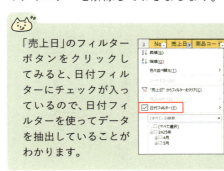

「売上日」のフィルターボタンをクリックしてみると、日付フィルターにチェックが入っているので、日付フィルターを使ってデータを抽出していることがわかります。

215

09-02_4.xlsx

# [4]「文字」条件でデータを抽出する

テキストフィルターを使って、さまざまな文字の条件を指定してデータを抽出できます。ここでは「商品名」に「ギフト」という文字が入力されたデータを抽出します。

## ⇨「商品名」のフィルターボタンから「テキストフィルター」をクリックする

❶「商品名」のフィルターボタンをクリックし、

❷[テキストフィルター]から[指定の値を含む]をクリックします。

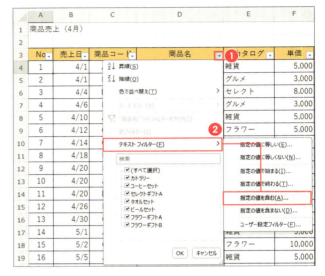

## ⇨ 条件を指定する

❸[カスタムオートフィルター]ダイアログボックスが表示されるので、
❹[商品名]の[を含む]に「ギフト」と入力し、
❺[OK]ボタンをクリックします。

## ⇨「ギフト」が含まれるデータが表示された

「商品名」に「ギフト」が含まれるデータが抽出されました。
確認できたら[商品名]のフィルターを解除しておきましょう。

文字の一部を条件に指定する場合は、テキストフィルターを使うといいね。

## [5] 「数値」条件でデータを抽出する

`09-02_5.xlsx`

数値フィルターを使って、さまざまな数値の条件を指定してデータを抽出できます。ここでは「売上金額」の「上位5件」のデータを抽出して表示します。

### ➡ [数値フィルター]から[トップテン]をクリックする

❶「売上金額」のフィルターボタンをクリックし、
❷[数値フィルター]から[トップテン]をクリックします。

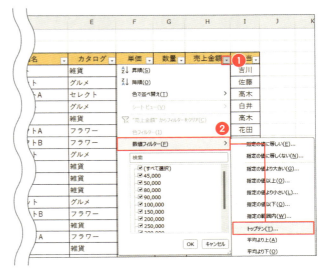

### ➡ 条件を指定する

❸[トップテンオートフィルター]ダイアログボックスが表示されるので、
❹[上位]に「5」と入力し、
❺[OK]ボタンをクリックします。

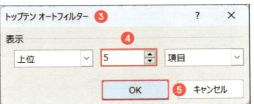

### ➡ 売上金額の上位5項目が表示された

「売上金額」が上位5件のデータが抽出されました。

### 抽出したトップテンを並べ替えたい

トップテンで「売上金額」の上位5件を抽出しても、金額の大きいほうから表示されているわけではありません。抽出したデータを金額の大きいほうから表示したいときは、フィルターボタンから[降順]をクリックして並べ替える必要があります。ただし、並べ替えたデータのフィルターを解除すると、データの順番が変わってしまいます。元に戻す必要がある場合は連番の項目を作って戻せるようにしておきましょう。

フィルターボタンから[降順]にする

CHAPTER 9 LESSON 3

＼大量のデータも一気に検索・修正・装飾できます／

# データを検索＆置き換える

https://dekiru.net/ykex24_903

#MOS　#検索と置換

特定の文字がどこにあるか検索したり、検索した文字をほかの文字に置き換えたりできます。1つずつ目で見て探すよりデータの見逃しがなく、修正なども一気に処理できます。

知りたい！

## 検索と置換の例

### 検索：表内から、特定のデータだけを探し出したい！

表の上から順番に「フラワーギフト」が含まれたデータを探します。

### 置換：特定のデータだけを別のデータに置き換えたい！

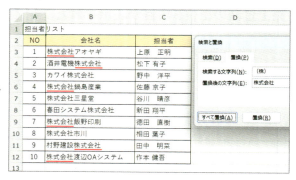

表から「(株)」という文字を探し出して……

「株式会社」という文字に置き換えます。

文字の内容だけでなく、文字の色や塗りつぶしの色などの書式を置換することもできるよ！

LESSON 3 データを検索&置き換える

09-03_1.xlsx

## [1] 文字を検索する

指定した文字がどこにあるか検索します。ここでは「フラワーギフト」が入力されたセルを探します。

### ⇒ セルA1を選択して[検索]をクリックする

❶セルA1をクリックし、
❷[ホーム]タブの[検索と選択]から[検索]をクリックします。

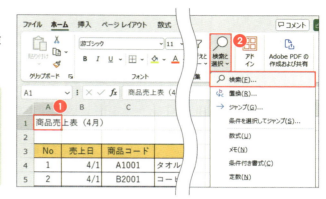

> 「選択したセル」を始点に、「上から下へ」探すので、上から順番に探す場合は「セルA1」を選択しておきましょう。範囲を指定してその中で検索する場合は、範囲選択してから検索します。

### ⇒ [検索する文字列]を入力して、[次を検索]をクリックする

❸[検索と置換]ダイアログボックスの[検索]タブが表示されます。

❹[検索する文字列]に「フラワーギフト」と入力し、
❺[次を検索]をクリックします。

### ⇒ 「フラワーギフト」が検索された

「フラワーギフト」が入力された1つめのセルが選択されました。[検索と置換]ダイアログボックスで[次を検索]をクリックするごとに、該当するセルに移動します。

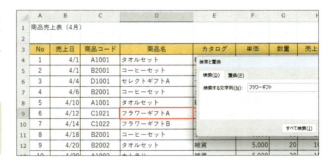

> 検索を終わるときは[検索と置換]ダイアログボックスを閉じます。

> 一度にすべての検索結果を確認する場合は、[すべて検索]をクリックすると❶、検索結果が一覧で表示されます❷。表示されたデータをクリックすると、そのセルが選択されます。

― ショートカットキー ―
検索する：Ctrl + F

219

`09-03_2.xlsx`

## [2] 指定した文字を別の文字に置換する

文字を検索して、別の文字と置き換えます。ここでは「(株)」をすべて「株式会社」に置換します。

### ⇒ セルA1を選択して[置換]をクリックする

❶ セルA1をクリックし、
❷ [ホーム]タブの[検索と選択]から[置換]をクリックします。

――― ショートカットキー ―――
置換する： Ctrl + H

### ⇒ [検索する文字列]と[置換後の文字列]を入力して[すべて置換]をクリックする

❸ [検索する文字列]に「(株)」と入力し、
❹ [置換後の文字列]に「株式会社」と入力して、
❺ [すべて置換]をクリックします。

### ⇒ 「(株)」がすべて「株式会社」に置き換わった

❻ 「○件を置換しました」と表示されるので、[OK]ボタンをクリックします。「(株)」がすべて「株式会社」に置き換わりました。

> 1つずつ確認しながら置換する場合は、[検索と置換]ダイアログボックスの[置換]ボタンをクリックします。

置換を使うと、大量のデータの修正も一瞬でできるね。

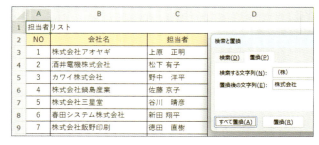

――― やってみよう！ ―――

「担当者」の氏名の間のスペースが半角と全角で混在しています。半角スペースをすべて全角スペースに置換しましょう。半角スペースは Shift + space キーで入力します。

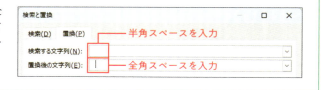

220

## 置換を使って文字やセルを装飾する

置換を使うと、文字列の置換だけでなく、検索した文字や文字が入力されたセルに一括で色を付けるなどの装飾ができます。目視で1つずつ処理するより早く、見落としがありません。ここでは例として商品売上表の「フラワーギフト」の文字を赤にして、セルも黄色で塗りつぶしましょう。

### ➡ [検索と置換]ダイアログボックスで[オプション]を表示する

❶ 前ページの手順❶～❷を参考に[検索と置換]ダイアログボックスを表示し、[オプション]ボタンをクリックします。

> 文字の装飾のみ行う場合は、[置換後の文字列]は空白のままにします。

### ➡ 書式を設定する

❷ [置換後の文字列]の[書式]ボタンをクリックします。

❸ [書式の変換]ダイアログボックスでフォントの色や塗りつぶしの色を設定して

❹ [OK]ボタンをクリックします。

> [検索と置換]ダイアログボックスの[オプション]では詳細を設定できます。たとえば、同じブック内の別のシートも検索対象にする場合は、[検索場所]を「ブック」にします。また、[セル内容が完全に同一であるものを検索する]にチェックを入れると、「フラワーギフト」で検索すると、「フラワーギフトA」は検索結果に表示されません。なお、詳細設定を変更すると、変更した設定が残ります。続けて検索・置換するときには内容を確認しましょう。

### ➡ [すべて置換]をクリックする

❺ [検索と置換]ダイアログボックスで[すべて置換]ボタンをクリックします。

これで指定した文字が入力されたセルの書式を一括で変換できました。

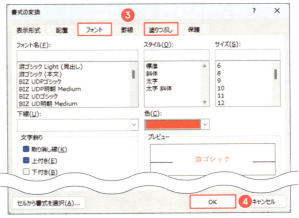

CHAPTER 9
LESSON 4

＼データを視覚的に表現できる／
# 条件に一致したデータに色を付ける

https://dekiru.net/ykex24_904

#MOS　#条件付き書式　#カラースケール　#アイコンセット　#セルの強調ルール

「条件付き書式」を使うと、あらかじめ指定した条件に一致するデータのセルや文字に自動で色を付けたり、数値の大きさを横棒やアイコンで表現したりできます。データが強調され、ひと目でわかりやすい表になります。

知りたい！

## 条件付き書式とは？

### 数値を条件に指定

数値が「100より大きい」セルに色を付けます。

### 文字を条件に指定

「遅刻」は青、「欠席」は赤の文字色を設定します。

### 最高値と最低値を条件に指定

範囲内の最高値と最低値に色を付けます。

### 数値の大きさを横棒で表示

セルの数値を横棒で表現します。

### 色の濃淡やアイコンでデータを可視化

条件付き書式はMOSでも出題されるよ！

LESSON 4　条件に一致したデータに色を付ける

## ［1］条件に一致したセルに色を付ける

`09-04_1.xlsx`

数値や日付、文字など指定した条件に一致するセルに、色（セルや文字色）を付けて強調します。ここでは来場者数が「100より大きい」セルに、自動で色が付くようにします。

### ⇒ 書式を設定したい範囲を選択する

❶セルB4からセルE8を選択します。

| | A | B | C | D | E | F |
|---|---|---|---|---|---|---|
| 1 | 来場者数 | | | | | |
| 2 | | | | | | |
| 3 | 会場 | 4月 | 5月 | 6月 | 7月 | |
| 4 | 会場A | 75 | 90 | 65 | 120 | |
| 5 | 会場B | 43 | 31 | 50 | 80 | |
| 6 | 会場C | 100 | 97 | 142 | 173 | |
| 7 | 会場D | 55 | 46 | 78 | 90 | |
| 8 | 会場E | 115 | 95 | 85 | 140 | |

### ⇒ 条件付き書式の種類を選択する

❷［ホーム］タブの［条件付き書式］をクリックし、

❸［セルの強調表示ルール］から［指定の値より大きい］をクリックします。

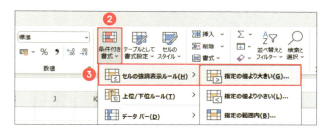

### ⇒ 条件と書式を設定する

❹指定する条件の値（100）を入力し、

❺［書式］から［濃い赤の文字、明るい赤の背景］を選び、

❻［OK］ボタンをクリックします。

### ⇒ 数値が「100より大きい」セルに色が付いた

「100より大きい」セルに色が付きました。

――― やってみよう！ ―――

数値が「50より小さい」セルに「濃い緑の文字、緑の背景」を設定しましょう。

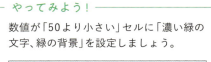

| | A | B | C | D | E | F |
|---|---|---|---|---|---|---|
| 1 | 来場者数 | | | | | |
| 2 | | | | | | |
| 3 | 会場 | 4月 | 5月 | 6月 | 7月 | |
| 4 | 会場A | 75 | 90 | 65 | 120 | |
| 5 | 会場B | 43 | 31 | 50 | 80 | |
| 6 | 会場C | 100 | 97 | 142 | 173 | |
| 7 | 会場D | 55 | 46 | 78 | 90 | |
| 8 | 会場E | 115 | 95 | 85 | 140 | |

好きな色を設定したい場合は、上の手順❺で［ユーザー設定の書式］を選びます。

09-04_2.xlsx

## [2] 設定した条件付き書式を一括で削除する

設定した条件付き書式をすべてまとめて削除します。

### ⇒ 書式をクリアしたい範囲を選択する

❶ セルB4からセルE8を選択します。

### ⇒ 条件付き書式のルールをクリアする

❷ [ホーム] タブの [条件付き書式] をクリックし、
❸ [ルールのクリア] から [選択したセルからルールをクリア] をクリックします。

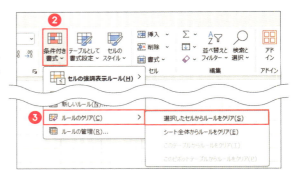

### ⇒ ルールを削除できた

選択した範囲に設定した条件付き書式が、すべて削除されました。

> 削除する条件付き書式を選ぶこともできます（229ページ参照）。

---

09-04_3.xlsx

## [3] 最高値と最低値に色を付ける

選択した範囲の数値から、上位（下位）〇位、または上位（下位）〇％、平均より上（下）に色を付けて強調できます。ここではいちばん大きい数値に色を付けます。

### ⇒ 書式を設定したい範囲を選択する

❶ セルB4からセルE8を選択します。

224

## ⇒ [条件付き書式]から[上位10項目]を選択する

❷[ホーム]タブの[条件付き書式]をクリックし、
❸[上位/下位ルール]から[上位10項目]をクリックします。

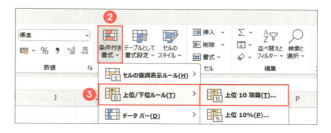

## ⇒ 条件と書式を設定する

❹数値「1」を入力し、
❺[書式]から[濃い赤の文字、明るい赤の背景]を選び、
❻[OK]ボタンをクリックします。

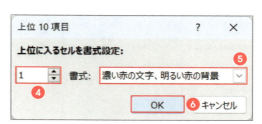

## ⇒ いちばん大きい数値のセルに色が付いた

いちばん大きい数値のセルに色が付きました。

| | A | B | C | D | E |
|---|---|---|---|---|---|
| 1 | 来場者数 | | | | |
| 2 | | | | | |
| 3 | 会場 | 4月 | 5月 | 6月 | 7月 |
| 4 | 会場A | 75 | 90 | 65 | 120 |
| 5 | 会場B | 43 | 31 | 50 | 80 |
| 6 | 会場C | 100 | 97 | 142 | 173 |
| 7 | 会場D | 55 | 46 | 78 | 90 |
| 8 | 会場E | 115 | 95 | 85 | 140 |

---

### ＼ 実務で使える便利技♪ ／
## 数値の大きさを横棒で表す

「データバー」を使うと、セルの中の横棒で数値の大きさを表現できます。横棒を表示したい範囲を選択して、[条件付き書式]の[データバー]から塗りつぶしの色を選択します❶。すばやくデータを可視化したい場合におすすめです。

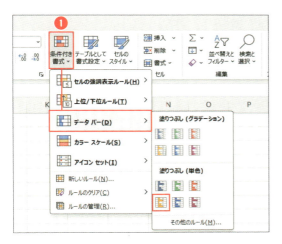

| | A | B | C | D | E |
|---|---|---|---|---|---|
| 1 | 来場者数 | | | | |
| 2 | | | | | |
| 3 | 会場 | 4月 | 5月 | 6月 | 7月 |
| 4 | 会場A | 75 | 90 | 65 | 120 |
| 5 | 会場B | 43 | 31 | 50 | 80 |
| 6 | 会場C | 100 | 97 | 142 | 173 |
| 7 | 会場D | 55 | 46 | 78 | 90 |
| 8 | 会場E | 115 | 95 | 85 | 140 |

＼ 実務で使える便利技 ♫ ／
# カラースケール＆アイコンセットも便利

［条件付き書式］の［データバー］の並びにある［カラースケール］と［アイコンセット］も、データをわかりやすく表示するための機能です。［カラースケール］は数値の大きさを色の濃淡で表現し、［アイコンセット］は値に応じて設定したアイコンを表示する機能です。

## カラースケール

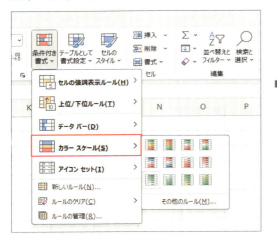

色の濃淡で数値の大きさを表します。

## アイコンセット

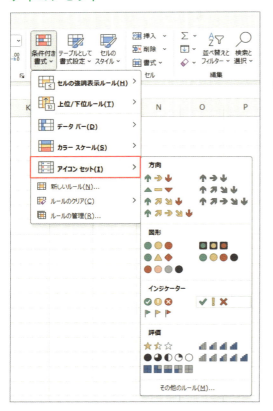

カラースケールやアイコンを区別する値は自動で設定されますが、［ルールの編集］から値を編集できます（［ルールの編集］については229ページ参照）。

MOS試験では「カラースケール」や「アイコンセット」も出題されるよ！

LESSON 4 条件に一致したデータに色を付ける

## ［セルの強調表示ルール］から選べる条件

［条件付き書式］の［セルの強調表示ルール］からは、ここまでに紹介した［指定の値より大きい（小さい）］を含めて、以下の条件を設定できます。

### セルの強調表示ルール

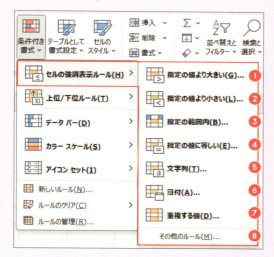

❸ **指定の範囲内**
指定した範囲内の数値のセルに書式を設定します。

❹ **指定の値に等しい**
指定した数値と一致するセルに書式を設定します。

❺ **文字列**
指定した文字列を含むセルに書式を設定します。

❻ **日付**
指定した日付または期間に一致するセルに書式を設定します。

❶ **指定の値より大きい**
指定した値より大きい（指定した値は含まない）セルに書式を設定します。

❷ **指定の値より小さい**
指定した値より小さい（指定した値は含まない）セルに書式を設定します。

❼ **重複する値**
選択した範囲で重複する（しない）セルに書式を設定します。

❽ **その他のルール**
［新しい書式ルール］から条件や書式を設定します。

［セルの強調表示ルール］を［文字列］にして、「遅刻」は青字、「欠席」は赤字になるように設定すると下のような結果になります。このように2つの条件を付ける場合は、「遅刻」と「欠席」でそれぞれ設定します。

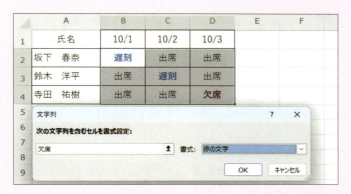

227

09-04_4.xlsx

# [4] オリジナルのルールを作る

[条件付き書式]の[セルの強調表示ルール]で「以上」や「以下」の条件は用意されていません。このような条件を指定したり、設定した条件付き書式の内容を編集・削除したりするなど、[条件付き書式]はカスタマイズもできます。ここでは例として「100以上」のセルに書式を設定する手順を紹介します。

## ⇒ 範囲を選択して[新しいルール]をクリックする

❶セルB4からセルE8を選択して、

❷[条件付き書式]の[新しいルール]をクリックします。

## ⇒ 新しいルールと書式を設定する

❸ルールの種類として[指定の値を含むセルだけを書式設定]を選択し、

❹[次のセルのみを書式設定]で[セルの値][次の値以上]を選択して、
❺「100」と入力します。

❻[書式]ボタンから書式を設定し、

❼[OK]ボタンをクリックします。

## ⇒ 設定した条件で色分けできた

できた！

「100以上」のセルに色が付きました(「100より大きい」ときは100には色が付かず、「100以上」の場合は100に色が付きます)。

[新しい書式ルール]では、「平均より上(下)」や「数式を使用」など、さまざまな条件を設定できます。

### やってみよう！

「50以下のセル」を水色に塗りつぶし、文字色を青に設定しましょう。上の手順❹で[次の値以下]、手順❺で「50」と設定します。

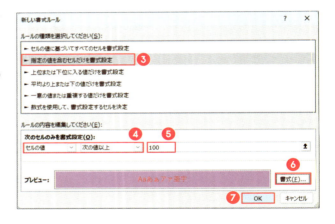

228

# 5 作ったルールを編集・削除する

09-04_5.xlsx

「50以下」と設定した条件を「40以下」に変更してみましょう。また、ルールの削除方法も紹介します。

## ⇒ 範囲を選択して［ルールの管理］をクリックする

❶ セルB4からセルE8を選択して、

❷ ［条件付き書式］の［ルールの管理］をクリックします。

## ⇒ ルールを編集する

❸ 編集するルールを選択して、
❹ ［ルールの編集］をクリックします。

❺ ［次の値以下］に「40」と入力して、
❻ ［OK］ボタンをクリックします。

❼ ［OK］ボタンをクリックします。

ルールを削除するときは、ルールを選択して［ルールの削除］をクリックします。

## ⇒ ルールが適用された

編集したルールが適用されました。

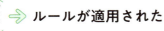

関連動画
土日に色を付ける

CHAPTER 9 LESSON 5

＼普通の表より圧倒的に使いやすい！／

# 「テーブル」で表を便利に扱いやすくする

https://dekiru.net/ykex24_905

#MOS　#テーブル　#テーブルデザイン　#テーブルスタイル　#範囲に変換　#集計行

表を「テーブル」という形式にすると、普通の表より扱いやすくなります。たとえば、データを追加すると書式や数式が引き継がれたり、デザインが簡単に設定できたりするほか、表の最後に集計行も追加できます。ボタン1つで簡単に設定できるうえ、操作性がアップする便利な機能です。

知りたい！

## 表を「テーブル」にするメリット

### メリット1　表の範囲が自動的に拡張される

表にデータを追加入力すると、書式や数式が自動で引き継がれます。

### メリット2　表のデザインが自動で決まる。いろいろ選べる

テーブルにすると自動的にデザインが設定されるほか、あとから変えることも簡単です。

### メリット3　行や列の追加でほかの表が崩れない

テーブルに行や列を追加しても、ほかの表のレイアウトが崩れません。

右側の表に影響を与えず行を追加できる

ほかのメリットはLESSON 6や7で紹介するよ。

### メリット4　スクロールすると項目名が自動的に表示される

スクロール時にテーブルの見出しが隠れる場合、列番号が項目名に切り替わります。

230

## [1] 表を「テーブル」に変換する

`09-05_1.xlsx`

表内のセルを選択して [テーブル] をクリックするだけで、簡単に表をテーブルに変換できます。

### ➡ 表内のセルを選択し、[テーブル] をクリックする

❶ 表内のセルをクリックし、
❷ [挿入] タブの [テーブル] をクリックします。

―― ショートカットキー ――
テーブルに変換：Ctrl + T

### ➡ 範囲を指定する

❸ テーブルに変換する範囲が自動的に選択されます。

> 範囲が違う場合は、ドラッグして選択しなおします。

❹ [先頭行をテーブルの見出しとして使用する] にチェックが入っていることを確認し、
❺ [OK] ボタンをクリックします。

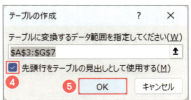

### ➡ 表がテーブルに変換された

表がテーブルに変換されました。テーブルにはスタイル（書式）が設定され、項目名には [フィルターボタン] ▼ が表示されます。

> テーブル内をクリックすると、[テーブルデザイン] タブが表示され、テーブルに関する設定ができます。

`09-05_2.xlsx`

## [2] テーブルのスタイルを選ぶ

テーブルのスタイルは一覧から選ぶだけで簡単に変更できます。また、変換前の書式に戻すこともできます。

### ➡ [テーブルデザイン]タブからテーブルスタイルを選択する

❶ 表内のセルをクリックし、
❷ [テーブルデザイン]タブをクリックします。

> フィルターボタンを表示したくない場合は、[テーブルデザイン]タブの[フィルターボタン]のチェックを外します。

❸ [テーブルスタイル]の▽をクリックすると、

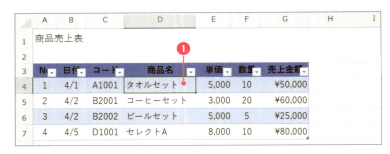

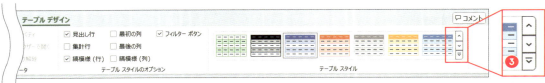

❹ スタイルの一覧が表示されるので、好きなスタイルをクリックします。

> スタイルの上にマウスポインターを合わせると、スタイルの詳細が表示されます。MOSなど検定試験でスタイル名を指定された場合は、この表示をヒントにしましょう。

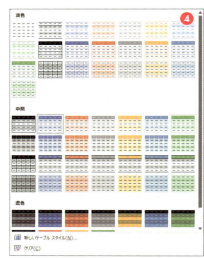

### ➡ スタイルが適用された
できた！

選択したスタイルに変わりました。

09-05_3.xlsx

## [3] テーブルにデータを追加する

テーブルにデータを追加すると、設定している書式や数式が自動で引き継がれるため、データを入力したセルにあらためて書式などを設定する必要がありません。ここでは8行目にデータを追加します。

### ⇒ 追加データを入力し、次のセルに移動する

❶セルA8に「5」と入力して、

| | A | B | C | D | E | F | G |
|---|---|---|---|---|---|---|---|
| 1 | 商品売上表 | | | | | | |
| 2 | | | | | | | |
| 3 | No | 日付 | コード | 商品名 | 単価 | 数量 | 売上金額 |
| 4 | 1 | 4/1 | A1001 | タオルセット | 5,000 | 10 | ¥50,000 |
| 5 | 2 | 4/2 | B2001 | コーヒーセット | 3,000 | 20 | ¥60,000 |
| 6 | 3 | 4/2 | B2002 | ビールセット | 5,000 | 5 | ¥25,000 |
| 7 | 4 | 4/5 | D1001 | セレクトA | 8,000 | 10 | ¥80,000 |
| 8 | 5 | | | | | | |



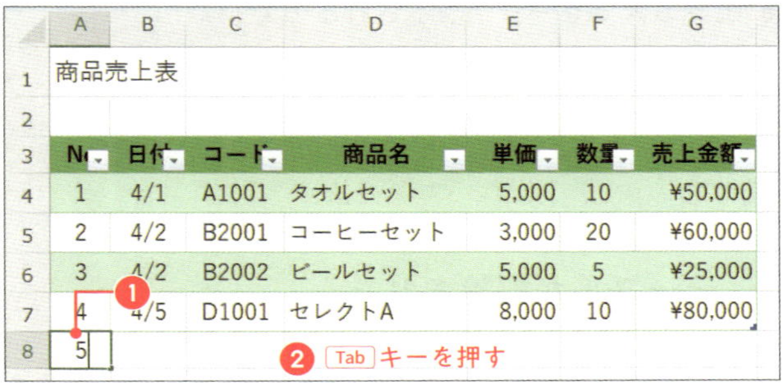

❷ Tab キーで右に移動すると、

❸8行目に書式が反映されます。

❹続けてデータを入力していきます。

| | A | B | C | D | E | F | G |
|---|---|---|---|---|---|---|---|
| 6 | 3 | 4/2 | B2002 | ビールセット | 5,000 | 5 | ¥25,000 |
| 7 | 4 | 4/5 | D1001 | セレクトA | 8,000 | 10 | ¥80,000 |
| 8 | 5 | | | | | | ¥0 |
| 9 | | | | | | | |



できた！

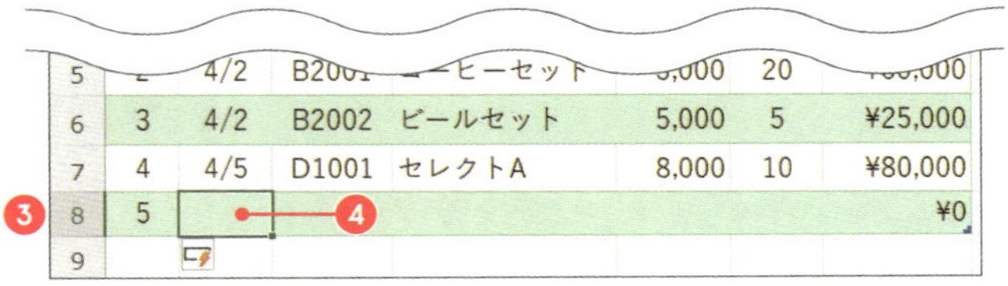

### ⇒ テーブルが拡張した

テーブルが拡張して、上の行の書式や数式が引き継がれました。セルG8の「売上金額」には上のセルの「単価×数量」の数式が引き継がれて、自動で計算されます。

セルG8が選択されている状態で Tab キーを押すと、次の行の先頭（セルA9）に移動するので、続けて入力できます。

| | A | B | C | D | E | F | G |
|---|---|---|---|---|---|---|---|
| 1 | 商品売上表 | | | | | | |
| 2 | | | | | | | |
| 3 | No | 日付 | コード | 商品名 | 単価 | 数量 | 売上金額 |
| 4 | 1 | 4/1 | A1001 | タオルセット | 5,000 | 10 | ¥50,000 |
| 5 | 2 | 4/2 | B2001 | コーヒーセット | 3,000 | 20 | ¥60,000 |
| 6 | 3 | 4/2 | B2002 | ビールセット | 5,000 | 5 | ¥25,000 |
| 7 | 4 | 4/5 | D1001 | セレクトA | 8,000 | 10 | ¥80,000 |
| 8 | 5 | 4/6 | C1022 | フラワーB | 10,000 | 8 | ¥80,000 |
| 9 | | | | | | | |

09-05_4.xlsx

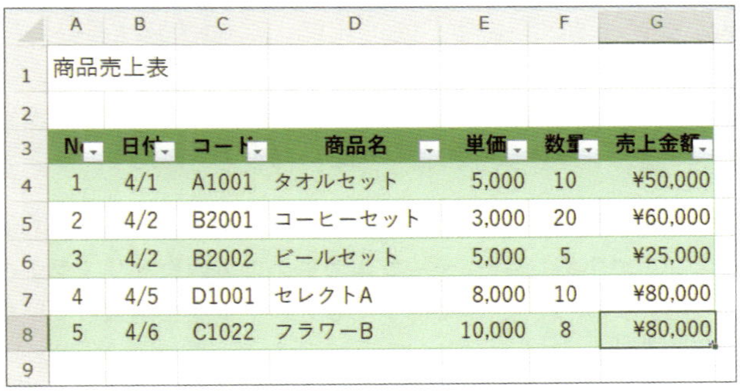

## [4] テーブルを解除する

テーブルを解除して普通の表に戻すには、[範囲に変換]します。

### ⇒ テーブル内を選択する

❶テーブル内のセルをクリックします。

| | A | B | C | D | E | F | G |
|---|---|---|---|---|---|---|---|
| 1 | 商品売上表 | | | | | | |
| 2 | | | | | | | |
| 3 | No | 日付 | コード | 商品名 | 単価 | 数量 | 売上金額 |
| 4 | 1 | 4/1 | A1001 | タオルセット | 5,000 | 10 | ¥50,000 |
| 5 | 2 | 4/2 | B2001 | コーヒーセット | 3,000 | 20 | ¥60,000 |
| 6 | 3 | 4/2 | B2002 | ビールセット | 5,000 | 5 | ¥25,000 |



次ページへ続く

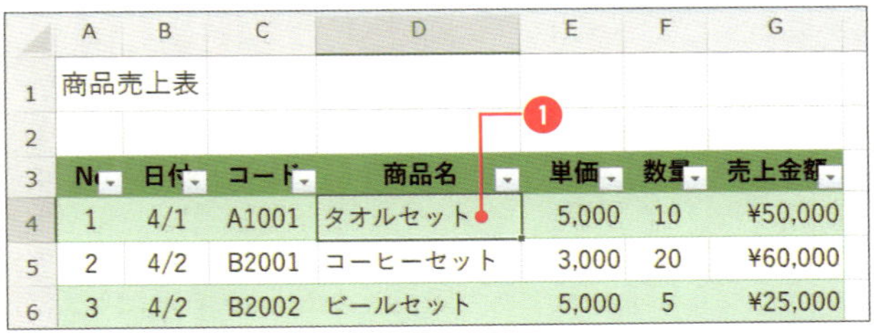

⇒ **［範囲に変換］をクリックする**

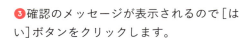

❷［テーブルデザイン］タブの［範囲に変換］をクリックすると、

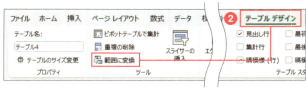

❸ 確認のメッセージが表示されるので［はい］ボタンをクリックします。

「テーブルの解除」というボタンはないので注意してね！

 ⇒ **テーブルが解除された**

テーブルが解除され、普通の表に戻りました。

> テーブルを解除しても、テーブルスタイルの書式は残ります。残したくない場合は、［範囲に変換］する前に、テーブルスタイルを「なし」にしておきましょう（次ページの「実務で使える便利技」参照）。

## もっと知りたい！ テーブルと普通の表の見分け方

テーブルと普通の表を見分けるには、表の右下を確認します。小さな▟マークがあれば、その表はテーブルです❶。また、テーブルの場合は表内をクリックすると［テーブルデザイン］タブが表示されます❷。なお、テーブルであってもテーブル内を選択していない場合は［テーブルデザイン］タブは表示されません。

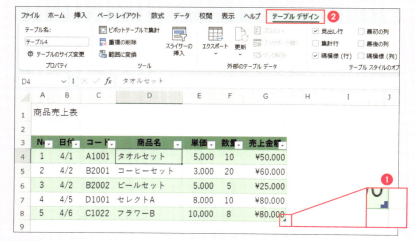

ここをドラッグするとテーブルの範囲を変更できる

## 実務で使える便利技♪
## テーブルスタイルを適用したくないときは

表にあらかじめセル色や罫線などの書式を設定していた場合、テーブルに変換すると元の書式の上にテーブルスタイルが重なります。元の書式に戻すには、[テーブルデザイン]タブからスタイルを[なし]にします。

### 書式を設定した表をテーブルに変換すると……

1行おきに塗りつぶしが設定されるなど、不要な書式が設定されてしまう

### [テーブルスタイル]を[なし]にする

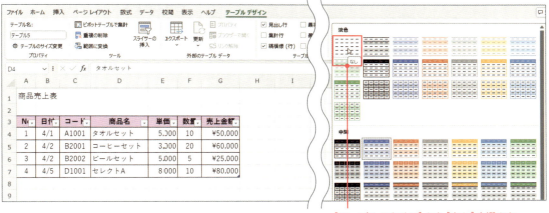

[テーブルスタイル]から[なし]を選ぶと元の書式に戻る

## 実務で使える便利技♪
## 「テーブルの範囲内」で行や列を追加・削除する

テーブルに行や列を追加・削除する場合は、行や列を追加したいテーブル内のセルを右クリックし、[挿入]または[削除]を選択します❶。ここから[テーブルの列(行)]❷を選択すると、別の表を崩すことなく行や列の追加・削除を行えます。

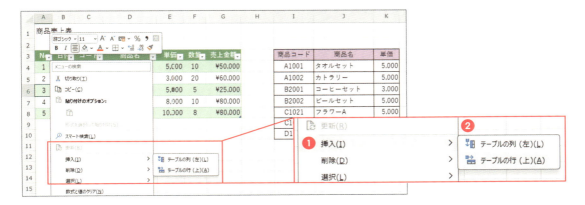

CHAPTER 9
LESSON 6

＼数式不要で計算結果がすぐわかる♪／

# テーブルに「集計行」を追加する

https://dekiru.net/ykex24_906

#MOS　#テーブル　#集計行

テーブルには「集計行」を表示できます。集計行には、数式や関数を設定することなく、簡単に合計や個数、平均などの計算結果が表示されます。また、フィルターで抽出したデータだけを対象にした計算もできてとても便利です。

## 知りたい！ 集計行とは

**ボタンをクリックするだけで集計できる**

「コード」の集計行にはデータの個数、「売上金額」の集計行には合計の結果を表示しています。

集計行
コード列のデータの個数　　売上金額列の合計

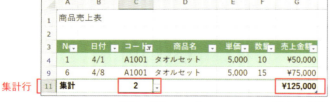

フィルターボタンから、コードが「A1001」のデータを絞り込むと、「A1001」のデータの個数と売上金額の合計が表示されます。

集計行
抽出した「A1001」の　　抽出した「A1001」の
データの個数　　　　　売上金額の合計

---

09-06.xlsx

## [1] テーブルに集計行を表示する

表内をクリックして、[テーブルデザイン]タブから[集計行]にチェックを入れるだけで、テーブルの最終行に「集計行」が追加されます。

⇒ **テーブル内を選択する**

❶ テーブル内のセルをクリックし、

236

## ➡ [テーブルデザイン]タブの[集計行]をクリックする

❷ [テーブルデザイン]タブの[集計行]にチェックを入れます。

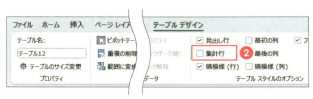

## ➡ テーブルに集計行が追加された

テーブルの最終行に「集計行」が表示され、「売上金額」の合計が表示されました。

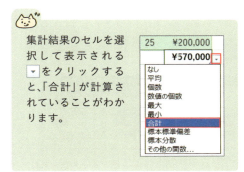

集計結果のセルを選択して表示される ▼ をクリックすると、「合計」が計算されていることがわかります。

[数値の個数]を選ぶと、数値データの個数を数えるのでこの場合の結果は「0」になるよ。

### やってみよう！

コードの個数を表示させましょう。セルC11をクリックし、▼の一覧から[個数]を選ぶと、コードのデータの個数が表示されます。

---

\ 実務で使える便利技♫ /

## 抽出したデータの計算結果を表示する

項目名のフィルターボタンからデータを抽出すると、抽出したデータのみの計算結果を表示できます。フィルターボタンをクリックして❶、抽出したいデータにチェックを入れて❷、[OK]ボタンをクリックします❸。

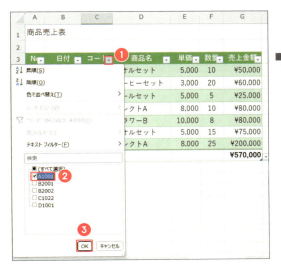

集計結果が表示されたセルの数式バーを見ると、SUBTOTAL関数が使われているのがわかります。SUBTOTAL関数を使うと、フィルターボタンでデータを絞り込んだ場合、絞り込んだデータの計算結果が表示されます。

CHAPTER 9
LESSON 7

＼参照範囲が自動で調整されて便利！／

# 数式でテーブルのセルを参照する

https://dekiru.net/ykex24_907

#MOS　#テーブル　#セル参照　#VLOOKUP　#プルダウンリスト　#構造化参照

テーブルは数式でセル参照する場合にも便利です。たとえば数式を入力すると、最終行まで自動でコピー（入力）されます。また、参照した範囲にデータの追加や削除などの変更があった場合は、参照範囲が自動で調整されます。

## 知りたい！ テーブル内のセルを参照するメリット

### 一度に数式が入力できる

= [@単価] * [@数量]

「単価」列と「数量」列を掛け算してください！

残りのセルに一気に入力される

テーブルに数式を入力すると、「セル番号」ではなく「項目名（列見出し）」で計算され、確定すると残りのセルにも一気に数式が入力されます。

### 参照先が自動的に調整される

| | A | B | C | D | E | F |
|---|---|---|---|---|---|---|
| 1 | 日付 | 科目 | 内容 | 金額 | | 科目 |
| 2 | 4月1日 | 旅費交通費 | JR〇〇駅〜〇〇駅 | ¥640 | | 旅費交通費 |
| 3 | | | | | | 通信費 |
| 4 | | 旅費交通費 | | | | 広告宣伝費 |
| 5 | | 通信費 | | | | 事務用品費 |
| 6 | | 広告宣伝費 | | | | 車両費 |
| 7 | | 事務用品費 | | | | 雑費 |
| 8 | | 車両費 | | | | 研修費 |
| 8 | | 雑費 | | | | |
| 8 | | 研修費 | | | | |
| 9 | | | | | | |
| 10 | | | | | | |

プルダウンリストが参照しているテーブルに項目を追加

プルダウンリストやVLOOKUP関数で参照範囲を指定した場合、あとからデータの追加や削除で範囲が変わっても、自動で参照範囲が調整されます。

普通の表の場合、参照した範囲に変更があると、数式を修正する必要があるよね！

238

LESSON 7　数式でテーブルのセルを参照する

## [1] テーブルに数式を入力する

09-07_1.xlsx

テーブルに数式を入力すると、テーブルの最終行まで数式が入力されます。また、参照したセルはセル番号ではなくテーブルの項目名で表示されます。ここでは「売上金額」に「単価」×「数量」を求める数式を入力します。

### ⇒ テーブルに数式を入力する

❶セルG4に「＝」を入力し、
❷「単価」のセルE4をクリックすると、[@単価]と表示されます。

❸続けて「*」を入力し、
❹「数量」のセルのF4をクリックすると、[@数量]と表示されるので、

❺ Enter キーを押して確定します。

### ⇒ 計算結果が表示された

テーブルの最終行まで、「単価」×「数量」の結果が表示されました。

> 「売上金額」のセルには、すべて「=[@単価]*[@数量]」が入力されています。数式が入力されている行の「単価×数量」という意味です。

| A | B | C | D | E | F | G |
|---|---|---|---|---|---|---|
| 商品売上表 | | | | | | |
| No | 日付 | コード | 商品名 | 単価 | 数量 | 売上金額 |
| 1 | 4/1 | A1001 | タオルセット | 5,000 | 10 | ¥50,000 |
| 2 | 4/2 | B2001 | コーヒーセット | 3,000 | 20 | ¥60,000 |
| 3 | 4/2 | B2002 | ビールセット | 5,000 | 5 | ¥25,000 |
| 4 | 4/5 | D1001 | セレクトA | 8,000 | 10 | ¥80,000 |
| 5 | 4/6 | C1022 | フラワーB | 10,000 | 8 | ¥80,000 |

## [2] VLOOKUP関数の引数にテーブルを指定する

09-07_2.xlsx

数式で参照する表をあらかじめテーブルにしておくと、あとからデータの追加や削除があって範囲が変わっても、範囲が自動で調整されるため数式を修正する必要がありません。ここではVLOOKUP関数の引数にテーブルを指定する例を見てみましょう。

### ⇒ 参照する表をテーブルにする

❶236ページを参考に、参照先の表をテーブルにします。

> 参照元（左）の表もテーブルになっています。

| コード | 商品名 | 単価 |
|---|---|---|
| A1001 | タオルセット | 5,000 |
| A1002 | カトラリー | 5,000 |
| B2001 | コーヒーセット | 3,000 |
| B2002 | ビールセット | 5,000 |
| C1021 | フラワーA | 5,000 |
| C1022 | フラワーB | 10,000 |
| D1001 | セレクトA | 8,000 |

次ページへ続く

239

## ⮕ テーブル名を変更する

[テーブルデザイン]タブで[テーブル名]を「商品一覧」にします。

> 🐱 テーブル名には「テーブル1」のように名前が自動で付きますが、好きなテーブル名に変更できます。「商品一覧」のように名前を付けておくと、数式でもその名前が使われるのでわかりやすくなります。

## ⮕ コードから商品名を取得するVLOOKUP関数を入力する

セルD4にVLOOKUP関数を入力します（VLOOKUP関数は190ページを参照してください）。
❹[検索値]にセルC4を指定し、
❺[範囲]にセルI4からセルK10を指定します。
❻[列番号]は「2」、[検索方法]は「0」を指定して[OK]ボタンをクリックします。

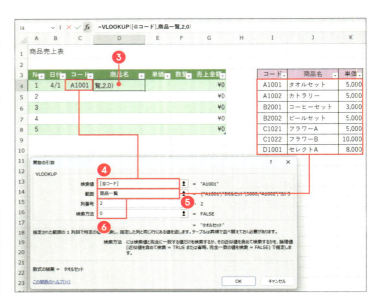

> 🐱 引数にテーブル内のセルを指定するとそのセルの項目名が[@〜]の形式で入力されます。また、テーブルを指定するとテーブル名が入力されます。テーブル名を直接入力しても同じです。

## ⮕ コードから単価を取得するVLOOKUP関数を入力する

残りのセルにVLOOKUP関数が一気に入力されました。

❽同様に、セルE4に右図のようにVLOOKUP関数を入力しましょう。

> 🐱 参照範囲には「商品一覧」とテーブル名を直接入力してもよいです。

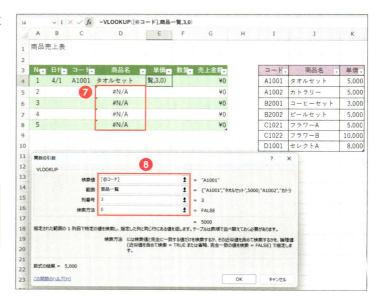

240

Lesson 7　数式でテーブルのセルを参照する

## やってみよう！

右の一覧表の最下行に「D1002 セレクトB　12,000」のデータを追加して❶、左の表にコードを追加してみましょう❷。VLOOKUP関数の引数［範囲］を設定しなおさなくても正しい検索結果が表示されるはずです。

---

## 実務で使える便利技♬
## プルダウンリストにもテーブルが使える

プルダウンリストでも、参照するリストをテーブルにしておくとデータの増減に合わせて範囲が拡張されるので便利です。105ページを参考に［データの入力規則］ダイアログボックスを表示し、［元の値］にテーブルを指定します❶。こうしておくと、元の値のテーブルに追加した項目が❷、自動的にプルダウンリストに表示されるようになります❸。

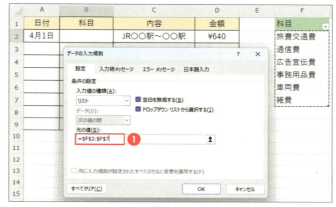

---

## 「構造化参照」について

表をテーブルに変換すると、「テーブル名」が自動で付き、列は「項目名（列見出し）」で管理されます。このため、参照したセルやセル範囲は「セル番号（範囲）」ではなく「項目名」や「テーブル名」で表示されます。これを「構造化参照」といいます。セル番号ではなく項目名やテーブル名で指定しているので、データの追加や削除で範囲が変わっても、参照範囲が自動で調整されるというわけです。

> 個別のセル番号ではなく、項目名（列見出し）やテーブル名で管理しているから、データの増減にも対応してくれるんだね！

241

( 練習問題 )   09_rensyu.xlsx

## 問題：「講座申込一覧」のデータを「講師」の五十音順で並べ替えましょう

元の表　　　　　　　　　　完成見本

五十音順にするには昇順で並べ替えます。

## 問題2：並べ替えを元に戻して、「カテゴリ」から「健康」、「講師」から「白井」のデータを抽出しましょう

完成見本

元の順にするには「No」を昇順にします。

「並べ替え」はLESSON 1、「データの抽出」はLESSON 2を参考にしてやってみよう！

# ひと目でわかる
# グラフを作ろう

データを可視化するのに欠かせないのがグラフです。
Excelでは、グラフの元になるデータを選択して、
グラフの種類を選ぶだけで、簡単にグラフを作成できます。

CHAPTER 10
LESSON 1

＼目的に合ったグラフを選ぼう♪／

# グラフの種類と作成手順

#MOS　#棒グラフ　#折れ線グラフ　#円グラフ　#グラフ要素

データをグラフにすると、数値の比較や変化が目で見てわかりやすくなります。グラフにはいろいろな種類があり、伝えたい内容や目的に合ったグラフを選ぶのも大切なポイントです。ここではグラフの種類と基本のグラフ作成の流れ、グラフを構成する要素を知りましょう。

知りたい！

## どんなグラフがあるの？

### 数値の大小を比較したいなら、「棒グラフ」

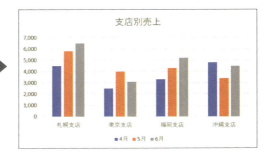

棒の長さで数値の大小を比較します。

### 時間の経過による数値の推移を知りたいなら、「折れ線グラフ」

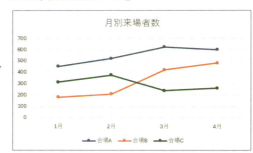

時間の経過による数値の推移を表します。

### 全体の中で割合を知りたいなら、「円グラフ」

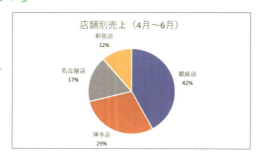

全体に対する割合を表します。

244

## グラフの構成要素と、作成の流れ

### グラフ要素の名前

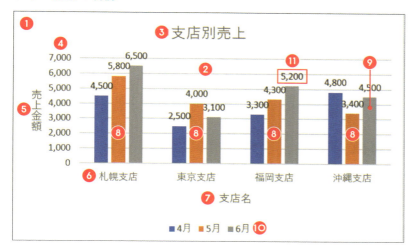

グラフを構成する要素の名前です。要素は表示／非表示の切り替えや詳細な設定ができます。

❶ **グラフエリア**
グラフ全体の領域

❷ **プロットエリア**
グラフ部分の領域

❸ **グラフタイトル**
グラフのタイトル

❹ **縦軸**
数値の目盛

❺ **縦軸ラベル**
縦軸の内容

❻ **横軸**
データの項目軸

❼ **横軸ラベル**
横軸の内容

❽ **データ系列**
同じ系列（色）の集まり

❾ **データ要素**
データ系列の1つ

❿ **凡例（はんれい）**
系列名と色の対応表

⓫ **データラベル**
各データの値や項目名

### グラフ作成の流れ

❶ グラフに必要なデータを選択する

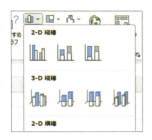

❷ グラフの種類を選ぶ

グラフに必要な範囲を選んで、グラフの種類を選ぶだけでグラフは作れるよ。あとは必要に応じて、要素の追加や修正・編集など見栄えを整えて完成！

CHAPTER 10
LESSON 2

＼基本のグラフの作り方を知ろう／

# 棒グラフを作る

#MOS　#グラフの挿入　#グラフの移動　#グラフのサイズ変更　#グラフタイトル　#グラフの印刷　#区分線

棒グラフはよく使われるグラフの1つで、数値の大小を棒の長さで表します。このレッスンでは棒グラフを作りながら、基本的なグラフの作り方を覚えましょう。

## 知りたい！

### 棒グラフの種類と特徴

棒グラフには「縦棒グラフ」と「横棒グラフ」があり、さらに用途に合わせて「積み上げグラフ」や「100％積み上げグラフ」も選べます。

#### 元のデータ

元のデータは同じでも、いろいろな表し方があるよ。

#### 棒（集合縦棒）グラフ

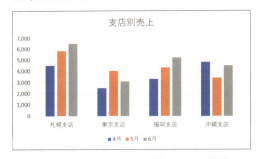

「棒（集合縦棒）グラフ」では、棒の長さで数値の大小を表します。

#### 積み上げ縦棒グラフ

「積み上げ縦棒グラフ」では、全体の数値の大きさと割合（内訳）を同時に表します。

#### 100％積み上げ棒グラフ

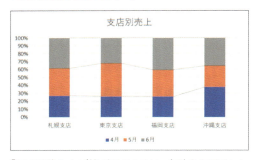

「100％積み上げ棒グラフ」では、合計を100％として内訳の割合を表します。

#### 横棒グラフ

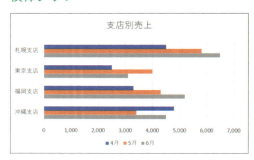

「横棒グラフ」の場合も同様に、「積み上げグラフ」「100％積み上げグラフ」も選べます。

## [1] 棒グラフを作る

グラフを作るには、グラフに必要なデータを範囲選択し、作成するグラフの種類を選びます。ここでは支店ごとの月別の売上を縦棒グラフで表します。

### ⇨ グラフにする範囲を選択する

❶ グラフにする範囲（セルA3からセルD7）を選択し、

> 「合計」はグラフに必要ないので、範囲に入れないように注意しましょう。

### ⇨ [挿入]タブの[縦棒/横棒グラフの挿入]から[集合縦棒]を選ぶ

❷ [挿入]タブの[縦棒/横棒グラフの挿入]をクリックし、
❸ [集合縦棒]をクリックします。

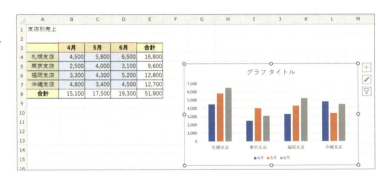

###  ⇨ 縦棒グラフが作成された

縦棒グラフが作成されました。グラフは画面の中央に作成されます。次にグラフの移動や大きさの変更をします。

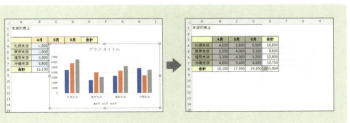

> グラフを削除したい場合は、グラフが選択された状態で Delete キーを押します。

10-02_2.xlsx

## 2 グラフを移動する

グラフを画面中央から、任意の位置に移動しましょう。

### グラフエリアにマウスポインターを合わせてドラッグで移動する

❶ グラフ内をクリックしてグラフを選択し、
❷ グラフの余白部分（グラフエリア）にマウスポインターを合わせ、
❸ になったら任意の場所にドラッグします。

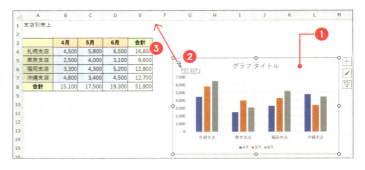

> マウスポインターがグラフエリア以外にあると、うまく移動できないので注意しましょう。

10-02_3.xlsx

## 3 グラフの大きさを変える

グラフの大きさは、グラフの枠に表示されるハンドルをドラッグして調整します。

### グラフの四隅のハンドルをドラッグする

❶ グラフ内をクリックしてグラフを選択し、

❷ グラフの四隅のハンドル［○］をドラッグして大きさを変更します。

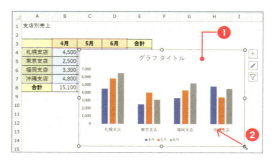

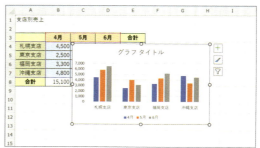

# [4] グラフタイトルを変更する

10-02_4.xlsx

グラフタイトルに文字を入力します。ここでは「支店別売上」と入力します。

## ➡ グラフタイトルを選択し、文字をクリックする

❶ [グラフタイトル]をクリックして選択し、
❷ 文字をクリックすると、カーソルが表示されます。

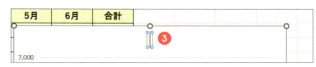

## ➡ タイトルを入力する

❸ [グラフタイトル]の文字を削除し、
❹ 「支店別売上」と入力し、
❺ グラフタイトル以外の場所をクリックします。

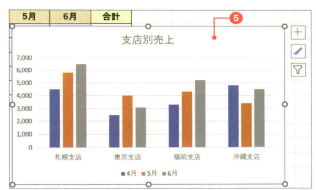

> 文字を入力したあとで Enter キーを押すと、グラフタイトル内で改行されます。

---

\ 実務で使える便利技 ♫ /

## 表のタイトルをグラフタイトルとして使う

グラフタイトルに、表のタイトルが入力されたセルを参照すると、同じ内容が表示されます。やり方は簡単です。[グラフタイトル]をクリックして選択し❶、数式バーに半角で「=」を入力し❷、表のタイトルが入力されたセル（ここではセルA1）をクリックして❸、Enter キーを押します。
このように参照しておくと、参照先のセルを変更するとグラフタイトルも変更されます。

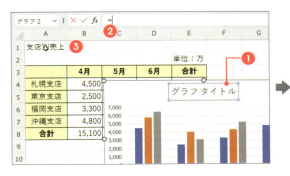
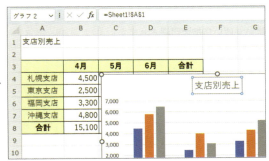

＼ 実務で使える便利技♫／
## グラフを別のシートに移動する

グラフは元データと同じワークシートに作成されますが、別のシートに移動できます。グラフを選択し、[グラフのデザイン] タブの [グラフの移動] をクリックし ❶、[新しいシート] を選択して ❷、[OK] ボタンをクリックします ❸。これでグラフが元のシートから新しいシートに移動します。

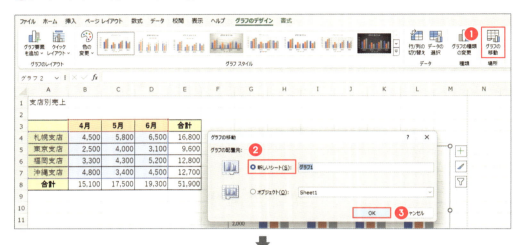

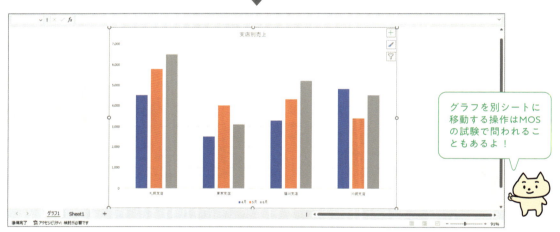

グラフを別シートに移動する操作はMOSの試験で問われることもあるよ！

＼ 実務で使える便利技♫／
## グラフのみ印刷する

グラフのみを印刷したい場合は、グラフを選択して [ファイル] メニューの [印刷] をクリックして印刷します。この方法で印刷すると、グラフのみ用紙いっぱいに拡大印刷されます。

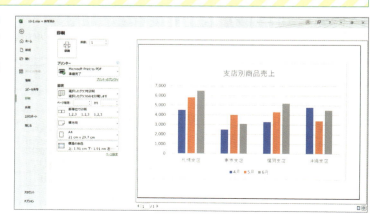

### 実務で使える便利技♫
## 横棒グラフの項目を表と同じ順番にしたい

横棒グラフでは、縦軸の項目が表とは逆の順番になります。

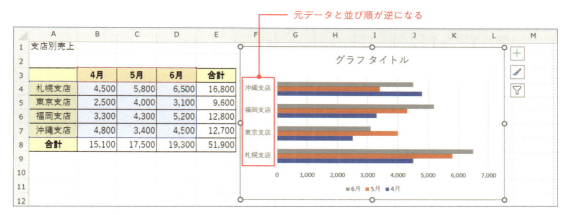
元データと並び順が逆になる

表と同じ並びにするには、グラフの縦軸で右クリック❶→[軸の書式設定]をクリックします❷。[軸の書式設定]作業ウィンドウが表示されるので、[軸のオプション]の[横軸との交点]で[最大項目]を選び❸、[軸位置]で[軸を反転する]にチェックを入れます❹。

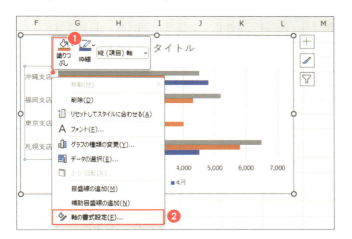
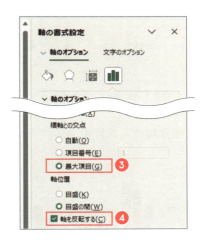

### 実務で使える便利技♫
## 「積み上げ縦棒」に「区分線」を引きたい

積み上げ縦棒に区分線を引くと、データの比率が把握しやすくなります。区分線を引くにはグラフをクリックし❶、[グラフのデザイン]タブの[グラフ要素を追加]→[線]→[区分線]をクリックします❷。
「積み上げ横棒」にも同様に区分線を設定できます。

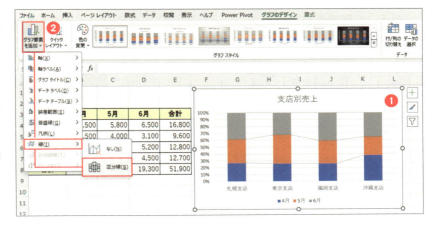

\ グラフの種類や表示する項目を変えてみよう /

# グラフの修正
# ＆グラフフィルターを使う

#MOS　#グラフの修正　#グラフフィルター

グラフを作ったあとで、グラフにするデータ範囲やグラフの種類を変えたい場合、あらためてグラフを作り直す必要はありません。ここでは作成したグラフのさまざまな修正方法や、グラフフィルターを使ってグラフに表示する項目を簡単に切り替える方法を知りましょう。

## 知りたい！

### グラフの修正とグラフフィルターの基本

#### グラフに表示するデータ範囲の修正

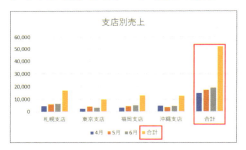

不要な「合計」までグラフにしたので、範囲を修正します。

#### 項目軸の入れ替え

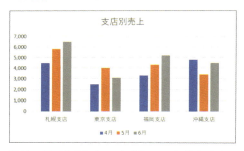
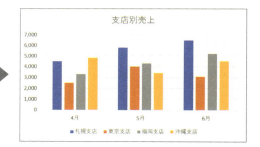

横軸の項目を「支店」から「月」に入れ替えます。

#### グラフの種類を変更

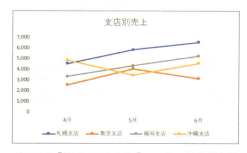

グラフを「棒グラフ」から「マーカー付き折れ線グラフ」に変更します。

#### グラフフィルターで表示する項目を選ぶ

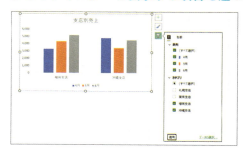

グラフフィルターを使うと表示させる項目を簡単に切り替えられます。

252

## [1] データの範囲を変更する

10-03_1.xlsx

グラフにする選択範囲が違っていたり、データに修正があり範囲が変わったりした場合には、グラフにする元データの範囲を変更します。ここでは「合計」まで範囲選択した場合の修正をします。

### ⇨ グラフをクリックし、選択した範囲を表示する

❶グラフをクリックします。

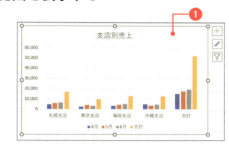

### ⇨ セル範囲をドラッグして範囲を修正する

❷グラフにするために選択した範囲に色枠が付くので、

❸色枠の角にマウスポインターを合わせ、

❹ドラッグして範囲を修正します。

### ⇨ 範囲が変わり、グラフの内容も更新された

選択範囲が変わり、棒グラフの内容に反映されました。

> [グラフのデザイン]タブにある[データの選択]をクリックして表示される[データソースの選択]ダイアログボックスでデータ範囲を選択しなおすこともできます。詳しくは271ページの「実務で使える便利技♫　円グラフのデータ範囲を修正する」で説明しています。

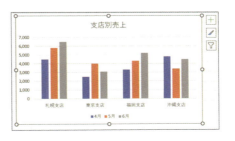

10-03_2.xlsx

## [2] グラフの項目を入れ替える

通常は表の左側の項目がグラフの横軸に配置されますが、グラフ作成後に項目を入れ替えることができます。

### ⇒ [グラフのデザイン] タブの [行/列の切り替え] をクリックする

❶ グラフを選択し、

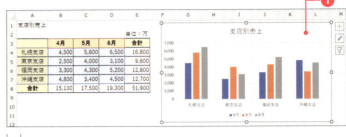

❷ [グラフのデザイン] タブの [行/列の切り替え] をクリックします。

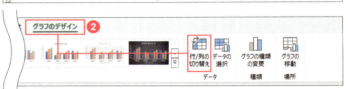

### ⇒ 横軸の項目が入れ替わった

横軸の項目が「支店」から「月」に替わりました。

項目を入れ替えると、データ分析の主となる視点が変わるね。

10-03_3.xlsx

## [3] グラフの種類を変える

グラフを作成したあとで、グラフの種類を変更できます。ここでは縦棒グラフから折れ線グラフに変更します。

### ⇒ グラフを選択し、[グラフの種類の変更] をクリックする

❶ グラフを選択し、

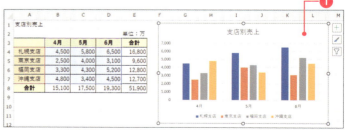

❷ [グラフのデザイン] タブの [グラフの種類の変更] をクリックします。

## 変更したいグラフの種類を選ぶ

❸ [グラフの種類の変更] ダイアログボックスが表示されるので、

❹ 変更したいグラフ（ここではマーカー付き折れ線グラフ）を選択し、
❺ [OK] ボタンをクリックします。

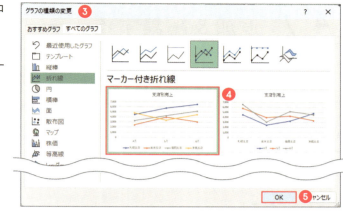

## 折れ線グラフに変更された

「棒グラフ」から「マーカー付き折れ線グラフ」に変わりました。

「折れ線グラフ」にすると、時間の経過によるデータの推移がわかりやすいね。

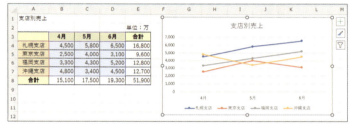

### 実務で使える便利技♪

## グラフフィルターでグラフに表示する項目を選ぶ

一部の項目のみグラフに表示させる場合、わざわざ範囲を選択しなおしてグラフを作り直す必要はありません。[グラフフィルター] を使うと、選んだ項目だけ表示してそれ以外の項目は一時的に非表示にできます。グラフを選択してグラフフィルターをクリックすると❶、[系列] と [カテゴリ] にそれぞれ項目が表示されるので、非表示にする項目のチェックを外し❷、[適用] をクリックします❸。これでチェックした項目のみグラフに表示されます。なお、チェックを外した項目は一時的に非表示にしているだけなので、もう一度チェックを入れると表示されます。

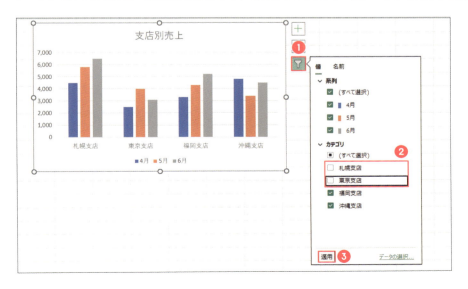

## CHAPTER 10 LESSON 4

＼グラフをより見やすく工夫しよう／

# グラフの要素を追加＆編集する

https://dekiru.net/
ykex24_1004

#MOS #軸ラベル #目盛 #凡例

グラフ要素を、追加で表示できます。たとえば軸のタイトルやそれぞれの項目の数値を表示させると、より見やすいグラフになります。また、軸目盛などの要素を編集する方法も知りましょう。

## 知りたい！

### グラフ要素の追加と編集

#### ラベルを追加する

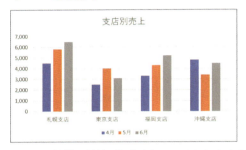
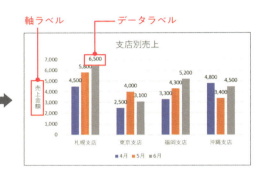

グラフの縦軸の数値が何を表しているかわかるように、「軸ラベル」や「データラベル」を追加します。

#### 目盛の最大値や間隔を編集する

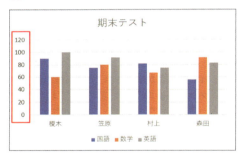
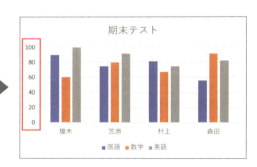

目盛の最大値や間隔を編集できます。

#### 凡例の位置を変える

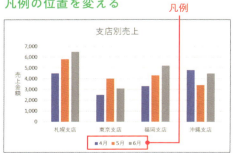
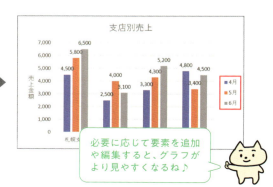

凡例の位置を移動できます。

必要に応じて要素を追加や編集すると、グラフがより見やすくなるね♪

LESSON 4　グラフの要素を追加＆編集する

## 1 軸ラベルを追加する

10-04_1.xlsx

縦軸と横軸には、それぞれ軸の内容を表すラベルを表示できます。要素を追加する方法はいくつかあります。ここでは［グラフのデザイン］タブの［グラフ要素を追加］から、縦軸に軸ラベルを追加し、「売上金額」と入力します。

### ➡ ［グラフ要素を追加］から軸ラベルを追加する

❶ グラフをクリックします。

❷ ［グラフのデザイン］タブの［グラフ要素を追加］をクリックし、

❸ ［軸ラベル］から［第1縦軸］をクリックすると、

❹ 縦軸に軸ラベルが追加されます。

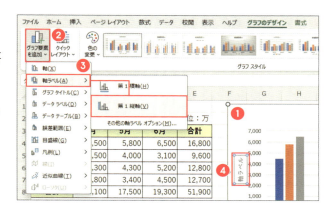

### ➡ 軸ラベルの内容を入力する

❺ 追加された縦軸ラベル内をクリックし、
❻ カーソルが表示されたら見本の文字を削除して「売上金額」と入力し、
❼ 縦軸ラベル以外をクリックして入力を確定します。

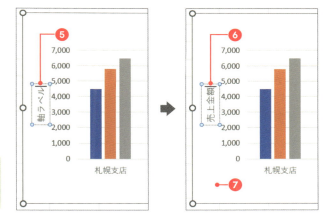

> 文字入力したあとで Enter キーを押すと、グラフタイトル内で改行されます。

### ➡ 縦軸ラベルの追加と入力ができた

縦軸ラベルを追加し、入力ができました。

> ［グラフのデザイン］タブ→［クイックレイアウト］の一覧から、目的の要素が表示されたレイアウトを選ぶこともできます。

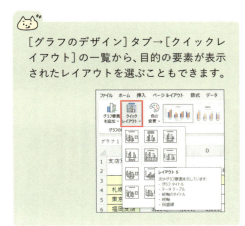

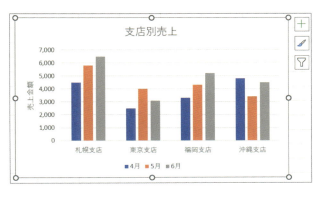

257

10-04_2.xlsx

## [2] 軸ラベルを縦書きにする

要素を編集するには、[書式設定]作業ウィンドウを使います。ここでは縦軸ラベルを「縦書き」に変更します。

###  縦軸ラベルで右クリックし、[軸ラベルの書式設定]をクリックする

❶編集したい要素（ここでは縦軸ラベル）を右クリックし、

❷[軸ラベルの書式設定]をクリックします。

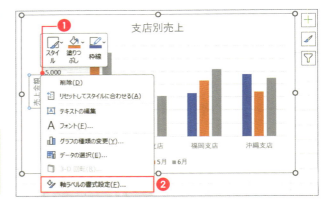

> 編集したい要素をダブルクリックすると、書式設定の作業ウィンドウが表示されます。

### [文字のオプション]で[テキストボックス]を縦書きにする

❸[軸ラベルの書式設定]作業ウィンドウが表示されます。

❹[文字のオプション]をクリックし、

❺[テキストボックス]をクリックして、

❻[文字列の方向]から[縦書き]を選びます。

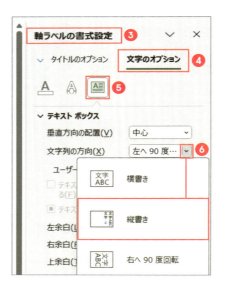

### 文字が縦書きになった

軸ラベルの文字が縦書きになりました。

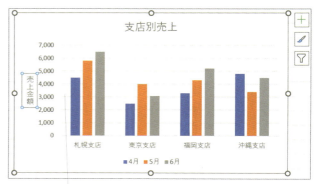

> 追加した要素を削除する場合は、要素を選択して Delete キーを押します。

258

LESSON 4　グラフの要素を追加&編集する

＼実務で使える便利技♬／
## 縦軸の目盛を編集する

データの数値に合わせてグラフの縦軸の最大値は自動で設定されます。そのため、たとえばテストの点数が100点満点でも、最大値が120のように設定されることがあります。この場合に最大値を100、また目盛間隔を10にすることができます。

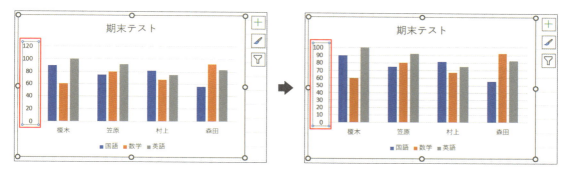

縦軸の最大値は、縦軸の［軸の書式設定］作業ウィンドウの［最大値］で設定できます❶。また、目盛の間隔は［単位］の［主］で設定できます❷。売上金額のように数値が大きい場合は、表示単位を変えることもできます❸。

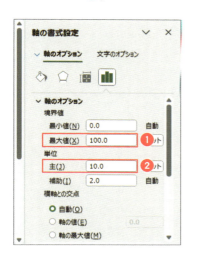
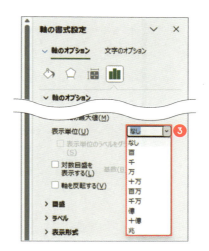

＼実務で使える便利技♬／
## もっと簡単に要素を追加する

慣れてきたら、要素の追加や編集はこちらの方法が時短でおすすめです。グラフを選択し、グラフ右上の［グラフ要素］の［+］から、追加したい要素にチェックを入れると要素が追加されます。

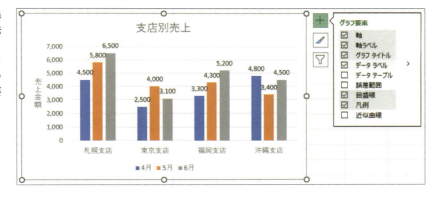

## [書式設定]作業ウィンドウの見方

選択している要素によって作業ウィンドウに表示される内容は変わりますが、主な見方を覚えておくと、設定したいボタンがどこにあるか見当を付けやすくなります。ここでは[軸の書式設定]作業ウィンドウを例に見方を説明します。

### [軸の書式設定]作業ウィンドウ

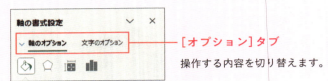

[オプション]タブ
操作する内容を切り替えます。

### 軸のオプション
要素の設定を行います。

### 文字のオプション
文字に対しての設定を行います。

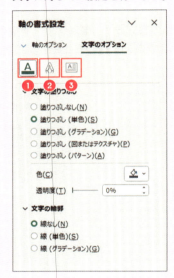

❶ 文字の塗りつぶしと輪郭
文字色や輪郭の設定

❷ 文字の効果
影やぼかしなど

❸ テキストボックス
配置や文字列の方向など

❶ 塗りつぶしと線
塗りつぶし色や線の色

❷ 効果
影やぼかしなどの効果

❸ サイズとプロパティ
配置や余白など

❹ 軸のオプション
選択した要素特有の設定(ここでは軸の最大値や最小値など)

＼デザインや配色は一覧から選べます／

## グラフの見た目を整える

https://dekiru.net/ykex24_1005

#MOS　#グラフのデザイン　#グラフスタイル　#グラフの配色

グラフ全体のデザインや配色は、用意された一覧から選ぶだけで全体に反映されます。また、文字の大きさや要素の位置を個別に変更し、グラフをより見やすく工夫しましょう。

知りたい！

## グラフのデザインの切り替え方

### 元のグラフ

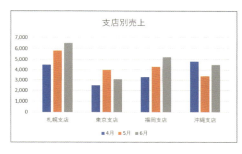

［グラフのデザイン］タブ

［グラフのデザイン］タブからグラフのデザインや配色を簡単に切り替えられます。

### 要素の配置もまとめて変更できる

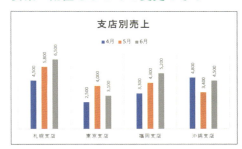

［グラフのデザイン］タブからスタイルを選択するだけで切り替わります。

### 色の組み合わせも変更できる

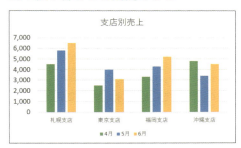

配色も、色の組み合わせを選択すると全体に反映されます。

### 要素を個別に変更することもできる

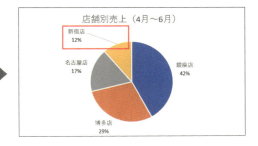

たとえば円グラフの場合、ラベルの配置を個別に移動してより見やすく調整できます。

261

`10-05_1.xlsx`

## [1] グラフスタイルからグラフ全体のデザインを選ぶ

[グラフスタイル]にはさまざまなデザインが用意されています。ここから好きなスタイルをクリックしてグラフ全体にデザインを反映できます。

### ⇒ グラフスタイルを選択する

❶グラフを選択して、
❷[グラフのデザイン]タブの[グラフスタイル]から好きなスタイルをクリックすると、

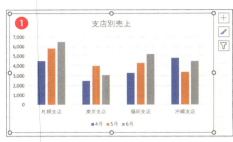

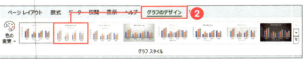

### ⇒ グラフのデザインが変わった

グラフのデザインが変更できました。

> グラフスタイルとグラフの配色は、グラフの右側にある （グラフスタイル）ボタンからも設定できます。

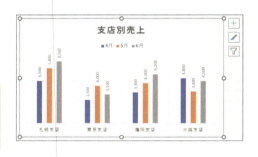

`10-05_2.xlsx`

## [2] グラフの配色を変える

グラフ全体の配色を変更するには、[色の変更]から好きな配色を選びます。

### ⇒ [色の変更]から色を選択する

❶グラフを選択して、
❷[グラフのデザイン]タブの[色の変更]から好きな配色をクリックすると

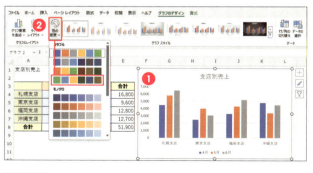

### ⇒ グラフの配色が変わった

グラフの配色が変更できました。

> 要素の色を個別に変更する方法は、LESSON 6で解説しています。

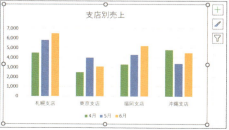

LESSON 5　グラフの見た目を整える

10-05_3.xlsx

## [3] 文字のサイズを変える

文字のサイズを変更します。ここでは縦軸の目盛の文字サイズを、9ポイントから12ポイントに大きくして見やすくします。

### 要素を選択し、フォントサイズを変更する

❶縦軸をクリックして縦軸全体を選択し、❷［ホーム］タブのフォントサイズから任意のサイズ（ここでは「12」）を選びます。

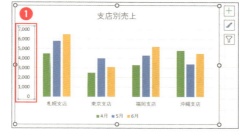

### 要素の文字サイズが変わった

縦軸の目盛の文字サイズを変更できました。

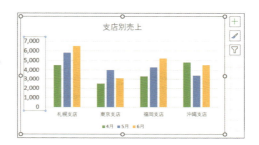

10-05_4.xlsx

## [4] 要素の場所を移動する

移動したい要素を選択し、表示された枠線をドラッグして任意の場所に移動できます。ここでは円グラフの要素「新宿店」を移動します。要素をクリックすると同じ要素がすべて選択されるので、移動したい要素をもう一度クリックして個別に選択するのがポイントです。

### 要素を選択し、ドラッグする

❶「新宿店」をクリックすると、同じ要素がすべて選択されるので、

❷もう一度「新宿店」をクリックすると、「新宿店」のみ選択されます。

❸表示された枠線にマウスポインターを合わせ、

❹ドラッグで任意の場所に移動します。

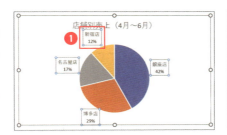

263

CHAPTER 10 LESSON 6

＼データの推移を見るのに最適！／

# 折れ線グラフを作る

https://dekiru.net/
ykex24_1006

#MOS　#折れ線グラフ　#マーカー付き折れ線グラフ　#データ系列の書式設定　#組み合わせグラフ

折れ線グラフは、時間の経過によるデータの推移を見るのに適しています。ここではグラフを作成したあとに、要素の色（塗りつぶしや線の色）や設定を個別に変える方法もあわせて覚えましょう。

知りたい！

## 折れ線グラフの特徴

### 折れ線グラフの見方

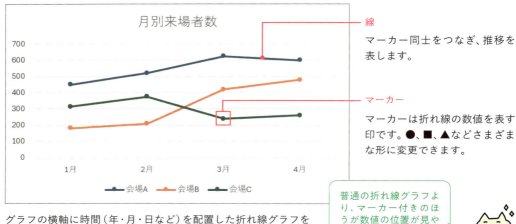

線
マーカー同士をつなぎ、推移を表します。

マーカー
マーカーは折れ線の数値を表す印です。●、■、▲などさまざまな形に変更できます。

グラフの横軸に時間（年・月・日など）を配置した折れ線グラフを作ると、時間の経過による数値の推移が表せます。「マーカー付き折れ線グラフ」を選ぶと、数値の位置をマーカーで表します。

普通の折れ線グラフより、マーカー付きのほうが数値の位置が見やすくてオススメ♪

[データ系列の書式設定]作業ウィンドウ

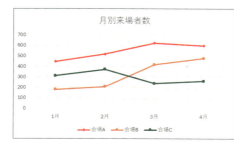

線やマーカーの色は[データ系列の書式設定]作業ウィンドウで簡単に変更できます。

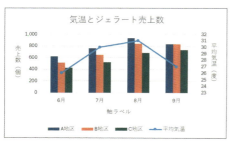

棒グラフに折れ線グラフを組み合わせることもできます。

264

Lesson 6　折れ線グラフを作る

10-06_1.xlsx

## [1] 折れ線グラフの作成

折れ線グラフも、棒グラフと同じようにグラフに必要な範囲を選択してグラフの種類を選びます。ここでは月ごとの来場者数をマーカー付き折れ線グラフにします。

### ⇒ [挿入] タブから [マーカー付き折れ線] を選ぶ

❶ グラフにする範囲（セルA3からセルE6）を選択し、

❷ [挿入] タブの [折れ線/面グラフの挿入] をクリックし、

❸ [マーカー付き折れ線] をクリックします。

### ⇒ マーカー付き折れ線グラフが作成された

マーカー付き折れ線グラフが作成されました。

やってみよう！
グラフタイトルを「月別来場者数」にしましょう（セルA1を参照するか、直接文字を入力します）。

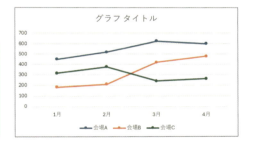

10-06_2.xlsx

## [2] 折れ線の色を変える

要素の色を個別に変更してみましょう。ここでは「会場A」の折れ線の色を青から赤に変更します。

### ⇒ [データ系列の書式設定] を表示する

❶ 色を変えたい「会場A」の折れ線をダブルクリックして [データ系列の書式設定] 作業ウィンドウを表示し、

❷ [塗りつぶしと線] をクリックします。

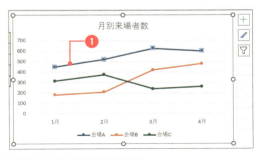

[塗りつぶしと線] では、[線] と [マーカー] のタブで変更内容を切り替えられます。

次ページへ続く

265

### ➡ 線の色を赤にする

❸[線（単色）]をクリックし、
❹[色]を赤にすると、

❺線の色が赤に変わります。

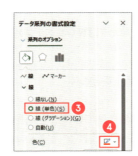
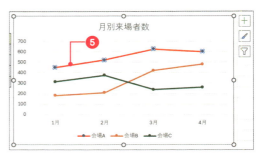

10-06_3.xlsx

## [3] マーカーの形と色を変更する

続けて、マーカーの形や色を変更します。[データ系列の書式設定] 作業ウィンドウから [マーカー] に切り替えて設定します。ここでは「会場A」のマーカーの形を●から◆に、塗りつぶしと枠線の線の色を同じ赤に変えます。

### ➡ [データ系列の書式設定]を[マーカー]に切り替える

❶[データ系列の書式設定] 作業ウィンドウの [マーカー] をクリックします。

❷マーカーの設定画面に切り替わったことを確認します。

### ➡ [マーカーのオプション]からマーカーの種類を選ぶ

❸[マーカーのオプション]で[組み込み]をクリックし、
❹[種類]から[◆]を選択すると、

❺マーカーの形が◆に変わります。

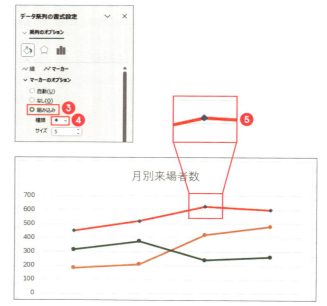

LESSON 6 折れ線グラフを作る

### ➡ マーカーの塗りつぶしと枠線の色を変える

❻ [塗りつぶし] の [塗りつぶし（単色）] をクリックし、色を赤にして、

❼ [枠線] の [線（単色）] をクリックし、色を赤にします。

❽「会場A」のマーカーの形と色が変わりました。

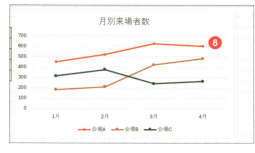

10 ひと目でわかるグラフを作ろう

## もっと知りたい！

## 組み合わせグラフを作ろう

棒グラフと折れ線グラフのように、種類の異なるグラフを1つのグラフに表示したものを「組み合わせグラフ」（複合グラフ）といいます。たとえば「平均気温」を折れ線グラフ、「売上数」を棒グラフで表すことで、2つの事項の関係性を可視化できます。

### 組み合わせグラフ

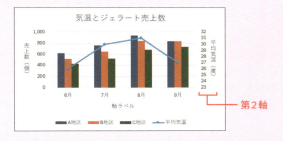

第2軸

関連動画
組み合わせグラフ

売上数と平均気温の数値の大きさが違う場合は、縦軸の右側に「第2軸」を表示させて見やすくするのがポイント！

組み合わせグラフを作るには、グラフに必要な範囲を選択し❶、[挿入] タブの [おすすめグラフ] をクリックします❷。[グラフの挿入] ダイアログボックスで [すべてのグラフ] ❸ → [組み合わせ] ❹ を表示し、系列ごとにグラフの種類を選択して❺、片方の系列を第2軸に設定します❻。

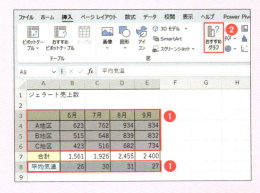

ここでは各地区の売上数を集合縦棒とし、平均気温をマーカー付き折れ線、第2軸としています。

267

＼データの割合を見るのに最適！／

# 円グラフを作る

https://dekiru.net/ykex24_1007

#MOS　#円グラフ　#大きい順　#データ範囲の修正

円グラフは、全体に対しての割合を見るのに使われるグラフです。データの範囲選択の仕方やパーセントや項目名を表示させるなど、円グラフならではの操作のコツを押さえましょう。

## 知りたい！ 円グラフの特徴

### 円グラフの見方

系列
1つ1つの扇部分で全体のうちの割合を表します。

系列ラベル
系列の内容や数値を表します。

### 円グラフのデータの選び方

円グラフは、全体に対して各項目が占める割合を表します。項目名と、割合を表したい数値データを1つ（ここでは合計）だけ選択するのがポイントです。

---

10-07_1.xlsx

## [1] 円グラフの作成

円グラフを作るときに気をつけたいのがデータの範囲選択です。「項目名」と「（グラフ化する）数値1種類」のみ選択します。ここでは「支店」の「合計」の割合を表す円グラフを作ります。

### ➡ 円グラフに必要なデータを選択する

❶項目名となる支店（セルA3からセルA7）を選択し、
❷ Ctrl キーを押しながら、合計のデータ（セルE3からセルE7）を選択します。

 4月〜6月のデータは円グラフに必要ありません。選択しないようにしましょう。

❷ Ctrl ＋ドラッグ

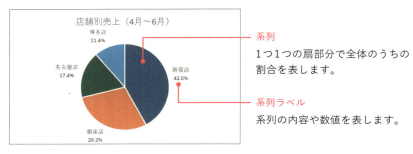

### ⇨ [挿入]タブから[円]をクリックする

❸ [挿入]タブから[円またはドーナツグラフの挿入]をクリックし、

❹ [円]をクリックします。

### ⇨ 円グラフが作成された

円グラフができました。

> **やってみよう！**
> グラフタイトルを「店舗別売上（4月～6月）」にしましょう。

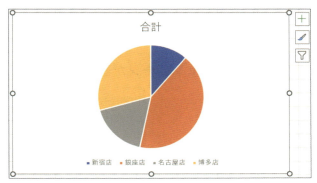

`10-07_2.xlsx`

## [2] 円グラフに「項目名」と「パーセント」を表示する

「項目名」と「パーセント」がひと目でわかるように、円グラフにデータラベルを追加します。

### ⇨ データラベルを追加する

❶ [＋]（グラフ要素）から、[データラベル]→[外側]をクリックすると、

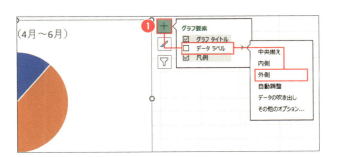

❷ 「値」（ここでは「合計」の数値）が表示されます。

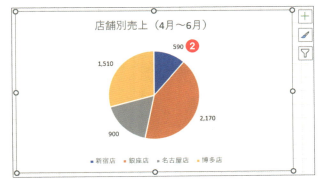

> 円グラフの中にラベルを表示させる場合は[内側]を選びます。

次ページへ続く　269

## → 表示させるラベルの内容を変更する

❸ データラベルをダブルクリックして[データラベルの書式設定]作業ウィンドウを表示します。
❹[ラベルオプション]の[分類名]と[パーセンテージ]にチェックを入れ、[値]のチェックを外します。

## → 支店名とパーセンテージが表示された

支店名とパーセンテージが表示されました。

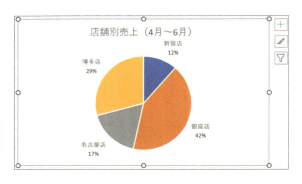

> 項目名を表示させたので、[凡例]は削除しましょう。

> ラベルオプションのパーセンテージにチェックを入れたあと、続けて[表示形式]の[カテゴリ]から[パーセンテージ]を選択し❶、[小数点以下の桁数]に任意の桁数を入力すると❷、パーセンテージの桁数を設定できます❸。

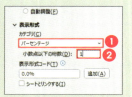

---

\ 実務で使える便利技♪ /
## 強調したい扇を切り離す

目立たせたい扇を1つだけ切り離して、強調することができます。円グラフ部分を1回クリックすると円グラフ全体が選択されるので❶、切り離したい扇の部分をクリックします❷。するとその扇だけが選択されるのでドラッグして切り離します❸。

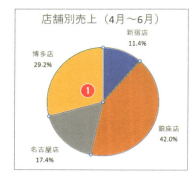
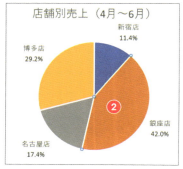
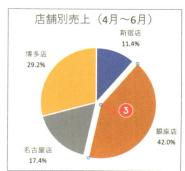

## 割合の大きい順に表示する

円グラフを「割合の大きい順に右回りに表示」させる場合は、表のデータを「合計」の大きい順に並べ替えます❶（並べ替えについては206ページを参照）。グラフを作成したあとに表を並べ替えても、グラフに結果が反映されます❷。

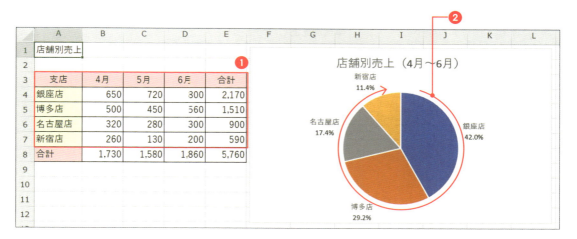

## 円グラフのデータ範囲を修正する

この円グラフのデータ範囲は「支店」のセルA3～セルA7、「合計」のセルE3～セルE7ですが、誤って「合計」ではなく「6月」のセルD3～セルD7を選択してしまうといったこともあるでしょう。このように離れた範囲を修正する場合は、[グラフのデザイン]タブの[データの選択]❶をクリックして表示される[データソースの選択]ダイアログボックスで行います。[グラフデータの範囲]❷が選択されている状態でセル範囲をドラッグして、データ範囲を選択しなおせます。

ドラッグが難しい場合、最初の範囲の始点となるセルをクリックして❸、[Shift]キーを押しながら最後のセルをクリックし❹、[Ctrl]キーを押しながら次の範囲の始点のセルをクリック❺、[Shift]キーを押しながら最後のセルをクリック❻しても選択できます。

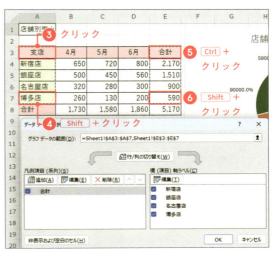

( 練習問題 )  10_rensyu.xlsx

## 問題1：「年代別売上」の表を元に完成見本のように棒グラフを作成しましょう

### 元の表

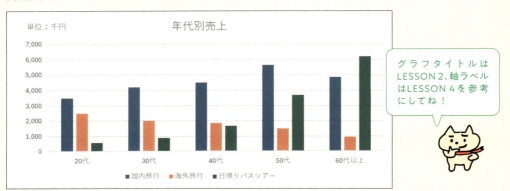

### 完成見本

グラフタイトルはLESSON 2、軸ラベルはLESSON 4を参考にしてね！

グラフタイトルと縦軸ラベルを追加して、位置や大きさを適宜調整してください。

## 問題2：「年代別売上」のデータから完成見本のように円グラフを作成しましょう

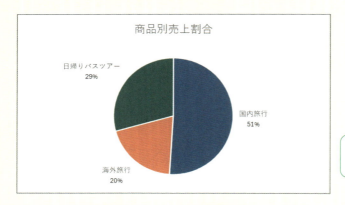

円グラフについてはLESSON 7をおさらいしよう！

データラベルを追加し、位置は「外側」、ラベルの内容は「分類名」「パーセンテージ」にします。また、凡例を非表示にします。

# シートやブックを活用しよう

シートをコピーしたり、見出しの色を変えたりすることで、
より効率的な作業につながります。
また、表をスクロールしても常に見出しを表示する方法や
同じシートを並べて表示して
比較しながら作業する方法も紹介します。

CHAPTER 11
LESSON 1

\ Excelの基本構造 /

# シートとブックについて知る

#MOS　#ファイル　#ブック　#シート

Excelではファイルのことを「ブック」といいますが、ブックは「シート」で構成されています。シートは追加や削除ができるほか、複製したり、複数のシートにまたがって計算したり、シートを複数選択して一括で同じ設定をしたりできます。ここではシートとブックの関係とできることを知りましょう。

知りたい！

## シートとブックの関係

### Excelの「シート」と「ブック」の関係

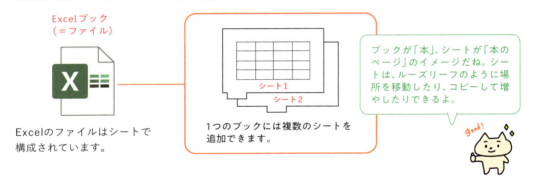

ブックが「本」、シートが「本のページ」のイメージだね。シートは、ルーズリーフのように場所を移動したり、コピーして増やしたりできるよ。

Excelのファイルはシートで構成されています。

1つのブックには複数のシートを追加できます。

### シートの操作

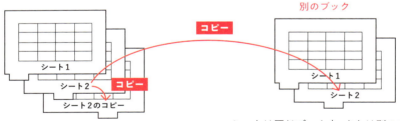

シートは同じブック内、または別のブックや新規ブックに、コピーや移動ができます。「移動」した場合、移動元のシートはなくなります。

### シートの編集やシート間の計算

＝SUM('4月:6月'!B4)

4月シートから6月シートのセルB4を合計しています。

シート見出しの名前や色を変更できます。

274

CHAPTER 11
LESSON 2

＼ひと目で内容がわかる／
# シート名と見出しの色を変える

#MOS　#シート名　#シート見出し

シート見出しには初期設定で「Sheet1」のように名前が付いています。わかりやすいシート名を付けることで、複数のシートがあっても、内容が把握しやすくなります。また、シート見出しの色を変更して、シートを目立たせることができます。

知りたい！

## シート名とシート見出しの色を変える

### シート名やシート見出しの色を変える

初期状態の「Sheet1」や「Sheet2」を……

好きな名前や色に変えられます。

シートの名前や見出しの色を変えると、シートの内容がすぐにわかるね！

11-02_1.xlsx

## [1] シート名を変える

シート名は「Sheet1」「Sheet2」のようになっているので、名前を変えてシートの内容がひと目でわかるようにします。ここでは「Sheet1」を「4月」に変更します。

### ⇒ シート見出しをダブルクリックする

❶シート見出し（[Sheet1]）をダブルクリックすると、
❷シート名が編集状態になるので、

### ⇒ シート名を入力する

❸「4月」と入力し、
❹[Enter]キーで確定します。

やってみよう！

[Sheet2]のシート名を「店舗一覧」にしましょう。

次ページへ続く　275

シート名には使えない文字（「/」「:」など）や文字数の制限があります。下のようなメッセージが表示された場合は［OK］ボタンをクリックして名前を変更しましょう。

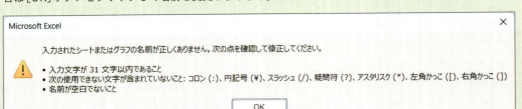

## ［2］ シート見出しの色を変える

11-02_2.xlsx

シート見出しに色を付けることで、ほかのシートより目立たせたり、同じグループは同じ色でまとめて区別したりできます。ここでは「店舗一覧」シートの見出しに色を付けます。

### ⇒ シート見出しを右クリックし、［シート見出しの色］から色を選ぶ

❶「店舗一覧」のシート見出しを右クリックし、

❷［シート見出しの色］から

❸任意の色をクリックします。

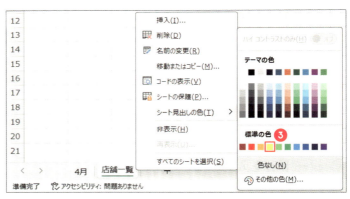

### ⇒ シート見出しの色が変わった

シート見出しの色が変わりました。

ほかのシートに切り替えて確認しましょう。

手順❷の画面で［色なし］を選ぶと元の色になります。

CHAPTER 11

LESSON 3

＼本にページを増やすイメージです／

# シートの追加と削除

#MOS　#シートの追加　#シートの削除　#シートの非表示　#シートの選択

Excelで新規のブックを開くとシートが1枚用意されていますが、必要に応じてシートを増やすことができます。また、不要になったシートは削除できます。シートが増えた場合に、目的のシートをすばやく表示する方法と、シートを非表示にする方法についても知っておきましょう。

知りたい！

## シートの追加と削除、シートの切り替え

### シートの追加

1枚のシートで足りない場合は、シートを追加します。

### シートの削除

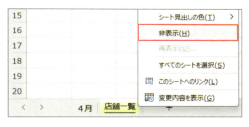

不要なシートは削除します。

### シートの非表示

シートを削除すると元に戻せません。一時的に隠したいときは「非表示」にします。

### シートの選択

シートが増えてシートの見出しがすべて表示しきれない場合、シート一覧からすばやく選択できます。

277

## ［1］シートを追加する

シート見出しの右にある［＋］（新しいシート）をクリックすると、選択しているシートの右側に新しいシートが追加されます。

⇒ ［＋］（新しいシート）をクリックする

❶シート見出しの右の［＋］（新しいシート）をクリックすると、
❷新しいシートが追加されます。

選択していたシートの右側に新しいシートが追加されます。たとえばSheet1とSheet2がある場合、Sheet1を選択中に［＋］をクリックすると❶、Sheet1の右側にSheet3が追加されます❷。

## ［2］シートを削除する

不要なシートは削除できます。ここでは追加した［Sheet2］を削除します。削除したシートは元に戻せないので、注意しましょう。

⇒ 削除するシート見出しを右クリックして［削除］をクリックする

❶削除するシート見出しを右クリックし、
❷［削除］をクリックすると

❸確認メッセージが表示されるので［削除］ボタンをクリックします。

シートに何も入力されていないときは、確認メッセージは表示されずすぐに削除されます。

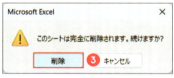

⇒ シートが削除された

シートが削除されました。

複数シートをまとめて削除するには、複数シートを選択し（284ページ）、いずれかのシート見出しを右クリックして［削除］をクリックします。

削除したシートは「元に戻す」でも戻せないので注意してね！

## シートを削除せず非表示にする

シートは削除すると元に戻せません。シートを残しておきたい場合は削除せず一時的に非表示にしましょう。シートを非表示にするには、シート見出しを右クリックして❶、[非表示]をクリックします❷。

非表示にしたシートを再度表示するには、表示されているシート見出しを右クリックして❸、[再表示]をクリックします❹。すると[再表示]ダイアログボックスが表示されるので、表示したいシートを選択して❺、[OK]ボタンをクリックします❻。

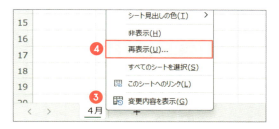

## 隠れているシート見出しをすばやく表示する

シートの数が多いと、シート見出しがすべて表示しきれない場合があります。シート見出しの左端にある[<][>]をクリックするとシート見出し部分を左右にスクロールできるので、隠れてしまったシート見出しを表示できます。なお、シート見出しを表示するだけで、シートが選択されるわけではありません。

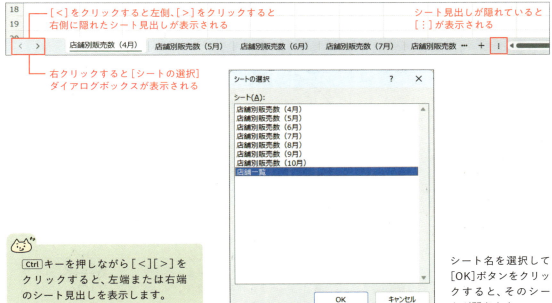

Ctrlキーを押しながら[<][>]をクリックすると、左端または右端のシート見出しを表示します。

シート名を選択して[OK]ボタンをクリックすると、そのシートが開きます。

## CHAPTER 11 LESSON 4 シートの移動とコピー

＼コピーして作業時間を短縮♪／

https://dekiru.net/ykex24_1104

#MOS　#シートの移動　#シートのコピー

シートの順番は自由に入れ替えできます。また、同じような表を作りたいときは、シートをコピーして内容だけ変えると作業時間を短縮できます。シートの移動やコピーは同じブック内だけでなく、ほかのブックや新しいブックに対してもできます。

### 知りたい！

## シートの移動とコピー

### シートの移動

「集計」シートの順番をいちばん右に移動しました。

よく使うシートは左側にあると使いやすいよ！

### シートのコピー

|   | A | B | C | D | E |
|---|---|---|---|---|---|
| 1 | 店舗別販売数（5月） | | | | |
| 2 | | | | | 単位：個 |
| 3 | | A店 | B店 | C店 | 合計 |
| 4 | コーヒー | 324 | 756 | 386 | 1,466 |
| 5 | 紅茶 | 203 | 206 | 284 | 693 |
| 6 | 緑茶 | 125 | 98 | 83 | 306 |
| 7 | 合計 | 652 | 1,060 | 753 | 2,465 |

4月　5月　集計

→

|   | A | B | C | D | E |
|---|---|---|---|---|---|
| 1 | 店舗別販売数（5月） | | | | |
| 2 | | | | | 単位：個 |
| 3 | | A店 | B店 | C店 | 合計 |
| 4 | コーヒー | 324 | 756 | 386 | 1,466 |
| 5 | 紅茶 | 203 | 206 | 284 | 693 |
| 6 | 緑茶 | 125 | 98 | 83 | 306 |
| 7 | 合計 | 652 | 1,060 | 753 | 2,465 |

4月　5月　5月(2)　集計

「5月」シートをコピーしました。コピーした直後は「5月(2)」のようにシート名に番号が振られます。

|   | A | B | C | D | E |
|---|---|---|---|---|---|
| 1 | 店舗別販売数（6月） | | | | |
| 2 | | | | | 単位：個 |
| 3 | | A店 | B店 | C店 | 合計 |
| 4 | コーヒー | 254 | 395 | 314 | 963 |
| 5 | 紅茶 | 301 | 202 | 194 | 697 |
| 6 | 緑茶 | 68 | 85 | 79 | 232 |
| 7 | 合計 | 623 | 682 | 587 | 1,892 |

4月　5月　6月　集計

コピーした「5月」シートを書き換えて「6月」シートを作れば、数式などを残したまま効率よくシートを作成できます。

コピーすると表の書式や数式がそのまま使えて便利♪

## [1] シートを移動する

11-04_1.xlsx

シートの順番を変えるには、シート見出しを任意の場所までドラッグします。ここでは「集計」を「5月」の右に移動します。

### ⇒ 移動するシート見出しを移動先にドラッグする

❶「集計」のシート見出しにマウスポインターを合わせ、

❷移動先にドラッグします。

移動する位置を示す▼が表示されるよ。

### できた！ ⇒ シートが移動した

「集計」シートが移動しました。

> シートを複数選択して、まとめて移動することもできます。

## [2] シートをコピーする

11-04_2.xlsx

シートをコピーすると、表の書式や数式を流用して新しい表を作れるので便利です。ここでは「5月」のシートをコピーします。

### ⇒ シート見出しを Ctrl キーを押しながらドラッグする

❶「5月」のシート見出しにマウスポインターを合わせ、

❷ Ctrl キーを押しながら、コピー先にドラッグします。

### できた！ ⇒ シートがコピーされた

シートがコピーされました。
コピーしたシートは「5月 (2)」のように、シート名の後ろに数字が付きます。

# [3] シートをほかのブックに移動・コピーする

11-04_3.xlsx

シートの移動やコピーは、同じブック内だけでなく、開いているほかのブックや新しいブックにもできます。ここでは「4月」シートを新しいブックにコピーします。

## ⇒ シート見出しを右クリックし、[移動またはコピー]をクリックする

❶「4月」のシート見出しを右クリックし、
❷［移動またはコピー］をクリックします。

## ⇒ 移動先のブックを選ぶ

❸［移動またはコピー］ダイアログボックスが表示されるので、
❹［移動先ブック名］の⌄をクリックし、
❺［(新しいブック)］を選択します。

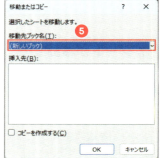

> ほかのブックにコピー（移動）する場合は、そのブックをあらかじめ開いておくと、移動先ブック名の一覧に表示され選べます。

## ⇒ [コピーを作成する]にチェックし、[OK]ボタンをクリックする

❻［コピーを作成する］にチェックを入れて、
❼［OK］ボタンをクリックします。

> 「移動」の場合はチェックなし、「コピー」の場合はチェックを入れます。

## ⇒ シートが新しいブックにコピーされた

新しいブックが開き、シートがコピーされました。

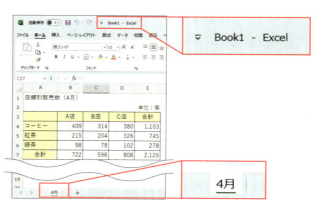

> 「コピー」したシートは元のブックには残ります。「移動」にした場合は、元のブックからそのシートはなくなります。

282

\ シートをまたがる計算もできます /

# シートの複数選択と編集・計算

https://dekiru.net/ykex24_1105

#MOS　#串刺し計算　#一括入力

シートを複数選択すると、選択したシートに同じデータを一括入力したり、同じ書式が設定できたりと効率よく作業できます。また、複数のシートにまたがった計算もできます。

## 知りたい！

### 複数シートをまたいだ編集や計算

**1つのシートに行った編集がすべてに反映される**

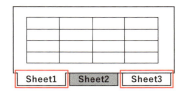

連続したシートのほか、離れたシートを複数選択することもできます。

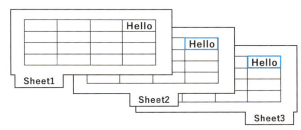

入力や編集、書式の設定なども、選択中のシートに一括して反映されます。

**シートをまたいだ計算ができる**

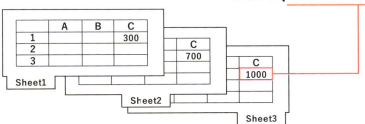

ほかのシートのセルを参照するには、「'シート名'!セル番号」と指定します。この図の場合は、SUM関数の引数に「Sheet1からSheet2のセルC1」を指定しています。

## [1] シートを複数選択し、選択を解除する

11-05_1.xlsx

複数シートの選択には、個別にシートを選択する方法と、連続したシートを一括選択する方法があります。ここでは「4月」と「6月」のシートを個別に選択します。

### ⇒ Ctrl キーを押しながらシートを個別に複数選択する

❶「4月」のシート見出しをクリックし、
❷ Ctrl キーを押しながら「6月」のシート見出しをクリックします。

❸「4月」と「6月」のシートが選択されました。

### ⇒ 複数選択を解除する

❹ 選択していないシート見出しをクリックします。

 すべてのシートを選択した場合に選択を解除するには「いずれかのシート見出し」をクリックします。

 連続したシートを選択するには、1つめのシート見出しをクリックし❶、Shift キーを押しながら最後のシート見出しをクリックすると❷、連続したシートを一括選択できます。

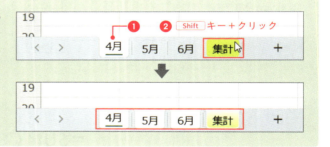

## [2] 複数のシートに一括入力や編集をする

11-05_2.xlsx

シートを複数選択して文字の入力や書式の設定をすると、選択したすべてのシートに反映されます。ここではすべてのシートのセルE2に「単位：個」と一括入力します。

### ⇒ データを入力するすべてのシートを選択する

❶「4月」のシート見出しをクリックし、
❷ Shift キーを押しながら「集計」のシート見出しをクリックし、シートをすべて選択します。

## データを入力するセルを選択し、入力する

❸ データを入力するセル（ここではセルE2）をクリックし、

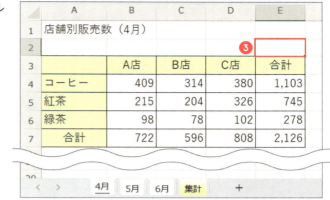

❹「単位:個」と入力します。

## 複数シートにデータが一括入力された

選択したすべてのシートの同じセルにデータが入力されました。
シートを切り替えて、確認してみましょう。

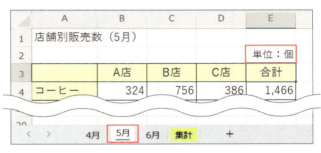

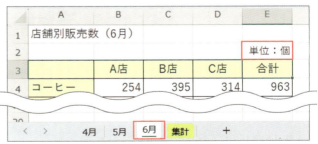

> 複数選択を解除せずにほかの作業をすると、選択したシートすべてにその作業が反映されます。
> 作業後は、必ず複数選択を解除しましょう。

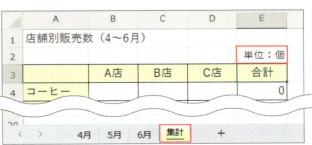

# [3] シートをまたいで計算する

11-05_3.xlsx

CHAPTER 6のLESSON 2のおさらいになりますが、複数のシートにまたがった計算もできます。ここでは「集計」シートに「4月」「5月」「6月」の値の合計を計算しましょう。

## ⇒ 合計を計算するセルをクリックし、オートSUMをクリックする

❶「集計」シートのセルB4をクリックし、

❷[オートSUM]（Σ）をクリックして、

❸ セルB4にSUM関数が入力されたことを確認します。

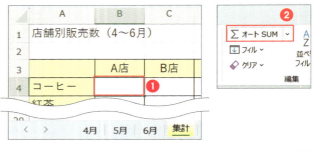

オートSUMについては17ページ、SUM関数については164ページを参照してください。

## ⇒ 計算対象のシートを複数選択し、セルをクリックする

❹「4月」「5月」「6月」のシートを複数選択し、

❺ 計算対象のセルB4をクリックし Enter キーを押して確定します。

## ⇒ 複数シートの値の合計ができた

「4月」「5月」「6月」のセルB4の合計が表示されました。

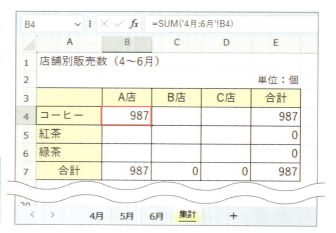

### やってみよう！
「集計」シートのセルB4に設定した数式をコピーして、すべての商品の合計を表示しましょう。

286

CHAPTER 11
LESSON 6

＼スクロールしても項目がわかる！／

# 表の見出しを常に表示する

https://dekiru.net/ykex24_1106

#MOS　#ウィンドウ枠の固定　#先頭行の固定　#先頭列の固定

大きい表の場合、下方向にスクロールすると見出しが隠れてしまい何のデータなのかわかりづらくなります。スクロールしても見出しを常に表示するには、ウィンドウ枠を固定します。

## 知りたい！ ウィンドウ枠の固定とは？

**下にあるデータを見ようとすると、見出しが隠れてしまう……**

スクロールして下の行を表示すると、表の見出しが隠れてしまいます。

**スクロールしても見出しが表示されるようにできる**

ウィンドウ枠の固定を行うと、指定した行や列を常に表示できます。
見出しが表示されていると、作業しやすく入力ミスも防げます。

11-06_1.xlsx

## [1] ウィンドウ枠の固定をする

下方向にスクロールしても表の見出しが常に表示されるようにします。

### ⇒ 固定する見出し行の「1つ下の行番号」を選択する

❶固定する見出し行（ここでは2行目）の1つ下の行番号（ここでは3行目）をクリックします。

固定したい見出し行の1つ下のA列のセル（ここではセルA3）を選択してもよいです。

次ページへ続く　287

⇒ [表示]タブから[ウィンドウ枠の固定]をクリックする

❷[表示]タブの[ウィンドウ枠の固定]をクリックし、

❸[ウィンドウ枠の固定]をクリックします。

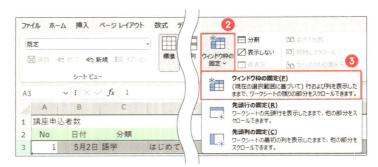

⇒ 見出し行が固定された

見出しが固定されました。下方向にスクロールして確認してみましょう。
固定した行の下には薄いグレーの線が表示されます。

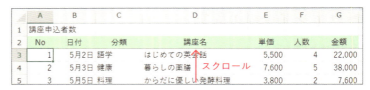

ウィンドウ枠の固定を解除するには、[表示]タブ→[ウィンドウ枠の固定]→[ウィンドウ枠の固定の解除]をクリックします。

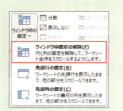

＼実務で使える便利技♫／

## 行と列を同時に固定＆1行目やA列を固定する

上で紹介したのは行だけを固定する方法ですが、横方向にも大きな表の場合、右方向にスクロールしたときに左の列見出しも常に表示されると便利です。行と列を同時に固定するには、固定したい行と列の両方に接するセルを選択するのがポイントです。

また、1行目またはA列を固定すればよい場合は、[ウィンドウ枠の固定]にある[先頭行の固定]❶、または[先頭列の固定]❷をクリックします。

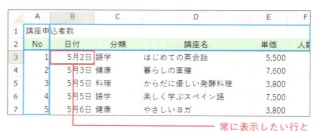

常に表示したい行と列（青で囲んだ部分）に接するセルを選択して固定する

1行目を固定したい場合

1列目を固定したい場合

CHAPTER 11
LESSON 7

＼シートの切り替え不要♪／
# 同じブックのシートを並べて見比べる

https://dekiru.net/
ykex24_1107

#MOS　#新しいウィンドウを開く　#ウィンドウの整列

1つのブックにある複数のシートを並べて表示すると、シートを切り替えずデータを見比べることができます。同じブック内のシートを並べて表示するには、まず同じブックを複数のウィンドウで表示させ、次に並べて表示します。

## 知りたい！ 同じブック内のシートを並べて表示する

**同じブックを2つに分けて表示**

通常、同じブック内のシートは表示を切り替えてシートごとに内容を確認します。シートを並べて表示することで、同時にデータを見比べることができます。

一方のウィンドウで変更した内容は、ほかのウィンドウにもすぐに反映されるので、参照先を見比べながら入力や編集ができるというメリットもあるよ！

店舗別販売数.xlsx

## [1] 新しいウィンドウを開き、並べて表示する

同じブック内の複数のシートを見比べるには、同じブックをもう1つ新しいウィンドウで開きます。そして、開いた複数のウィンドウを並べて表示します。ここでは同じブックの「4月」と「5月」のシートを並べて見比べます。

→ [表示]タブから[新しいウィンドウを開く]をクリックする

❶[表示]タブから[新しいウィンドウを開く]をクリックします。

関連動画
画面分割で
操作がはかどる

次ページへ続く

❷ 同じブックが新しいウィンドウで開きます。
全画面表示の場合は同じ画面が2つ重なっています。画面右上の □ ボタンをクリックすると、後ろに別ウィンドウが開いていることが確認できます。

> 2つめのウィンドウには、ファイル名の横に「2」の数字が表示されます。

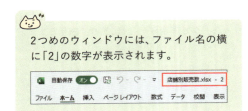

### ⇒ [整列]でウィンドウの並べ方を選ぶ

❸ [表示]タブの[整列]をクリックし、

❹ [ウィンドウの整列]ダイアログボックスの[左右に並べて表示]をクリックして、
❺ [OK]ボタンをクリックします。

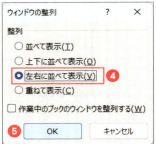

### ⇒ 同じブックが左右に並べて表示された

同じブックが左右に並んで表示されました。
シートを切り替えてデータを見比べましょう。この状態で片方のブックを編集すると、自動的にもう一方のブックにも編集が反映されます。

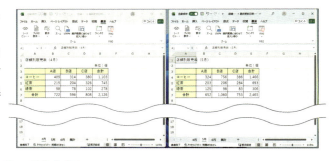

> 複数のウィンドウで表示する必要がなくなったら、いずれかの画面右上の[×](閉じる)ボタンでウィンドウを閉じて1つだけ残します。

**やってみよう！**
同様の手順でもう1つ新しいウィンドウを開き、左右に整列して「4月」「5月」「6月」の3つのシートを見比べてみましょう。

CHAPTER 11
LESSON 8

＼大事なセルやファイルを守ろう／

# シートやブックを保護する

#MOS　#シートの保護　#ブックの保護

計算式が入力されたセルをうっかり消去したり、大事な内容を書き換えられたりしないようするには、シートを保護します。また、大事なブック（ファイル）にはパスワードを設定することで、ブックを開く際にパスワードの入力を求めることができ、パスワードを知らない第三者に見られないようにできます。

## 知りたい！ シートの保護とブックの保護

**シートの保護：シートごとに編集の可否を設定できる**

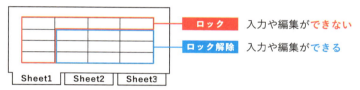

数式が入ったセルをうっかり消してしまった！というミスがなくなるね♪

**ブックの保護：ブックを開くときのパスワードを設定できる**

個人情報などが入力されたファイルは、パスワードをかけておくと安心♪

ブックを開こうとするとパスワードが求められ、入力しないと開けません。

---

店舗別販売数.xlsx

## [1] 指定したセルのみ入力できるようにする

指定したセルのみ入力や編集ができるようにするには、編集可能にするセルのロックを外して、次にシートの保護をします。ここでは販売数を直接入力するセル以外は編集ができないようにします。

### ⇨ 入力できるセルを選択する

❶ データ入力を許可するセル（セルB4からセルD6）を選択します。

次ページへ続く

291

### ⇒ [セルの書式設定]→[保護]から[ロック]のチェックを外す

❷[ホーム]タブの 🔽 をクリックして[セルの書式設定]ダイアログボックスを表示します。
❸[保護]をクリックして、
❹[ロック]のチェックを外し、
❺[OK]ボタンをクリックします。

― ショートカットキー ―
[セルの書式設定]ダイアログボックスを表示する：Ctrl + 1

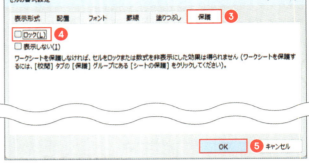

> 🐱 ロックのチェックを外したセルは、シートの保護をしても編集できます。

### ⇒ [シートの保護]をクリックする

❻[校閲]タブをクリックし、
❼[シートの保護]をクリックします。

### ⇒ シートの保護を解除するための[パスワード]を設定する

❽[シートの保護]ダイアログボックスが表示されるので、シートの保護を解除するためのパスワードを設定して

❾[OK]ボタンをクリックし、

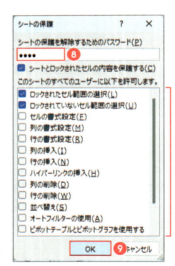

シートを保護しても、許可する操作を指定できる

> 🐱 シートの保護を解除する際にパスワードが必要なければ、パスワードは空欄のままでも問題ありません。

❿もう一度❽と同じパスワードを入力して
⓫[OK]ボタンをクリックします。

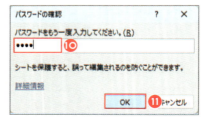

> 🐱 パスワードは大文字・小文字を区別します。忘れるとシートの保護が解除ができなくなるので注意します。

### できた！ 指定したセル以外編集できなくなった

シートが保護され、ロックを外したセル以外を編集しようとするとメッセージが出ます。

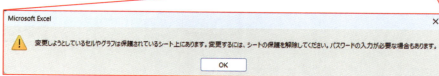

## [2] シートの保護を解除する

シートの保護を解除するには、[校閲]タブから[シート保護の解除]をクリックします。パスワードを設定している場合は保護の解除にパスワードを入力する必要があります。

### [シート保護の解除]をクリックする

❶[校閲]タブをクリックし、
❷[シート保護の解除]をクリックします。

### パスワードを入力する

❸[シートの保護]ダイアログボックスで設定したパスワードを入力して、
❹[OK]ボタンをクリックします。

## [3] ブックにパスワードを設定する

第三者に見られたくないファイルや、個人情報など大事なデータが入力されたファイルにはパスワードを設定すると、ブックを開くときに読み取りパスワードを求めることができます。

### [名前を付けて保存]ダイアログボックスを開く

❶パスワードを設定したいブックを開き F12 キーを押します。

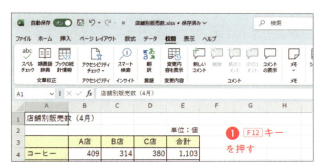

 まだブックを保存していない場合は次の画面で名前と保存場所を指定します。

次ページへ続く

## → [ツール]の[全般オプション]から読み取りパスワードを設定する

❷ [ツール]から[全般オプション]をクリックします。

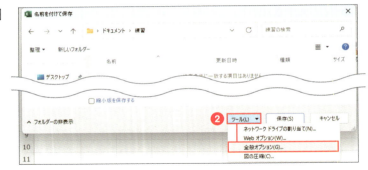

❸ [読み取りパスワード]にパスワードを入力し、
❹ [OK]ボタンをクリックして、
❺ もう一度同じパスワードを入力して
❻ [OK]ボタンをクリックし、

❼ [保存]ボタンをクリックします。

> [読み取りパスワード]はブックを開く（読み取る）のに必要なパスワードで、[書き込みパスワード]はブックを編集して上書き保存する際に必要なパスワードです。両方設定できます。

## → ブックに読み取りパスワードが設定できた

ブックに読み取りパスワードが設定できました。ブックを閉じて、確認してみましょう。
パスワードを設定したブックを開こうとするとパスワードの入力画面が表示されます。設定したパスワードを入力して❽[OK]ボタンをクリックすると、ブックが開きます❾。

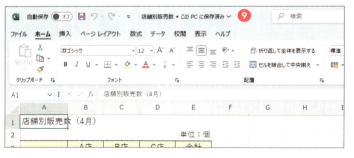

パスワードを忘れると開けないので、注意してね！

# 思い通りに印刷しよう

Excelは、Wordのような「ページ」がないため、
思い通りに印刷するにはコツが必要です。
用紙にきれいに印刷するための方法や、
各用紙にページ番号や見出しを表示する方法を学びましょう。

CHAPTER 12
LESSON 1

＼資料作りの最後の仕上げ♪／

# 印刷の設定でできること

#MOS　#印刷設定　#ページレイアウト　#ページ設定

印刷は資料作成の最後の仕上げです。基本の印刷方法（CHAPTER 2 のLESSON 6）からステップアップして、ここでは資料をより見やすくするための工夫や、印刷ミスを防ぐためのいろいろな設定方法を学びます。まずは設定画面の表示方法と設定できる内容を知りましょう。

知りたい！

## 印刷の設定でこんなに変わる♪

これが……

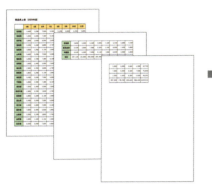

表の横幅があふれて、また用紙の一部にしか印刷されておらず資料としては見づらくなっています。

こうなる

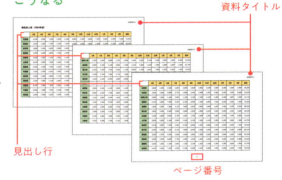

資料タイトル
見出し行
ページ番号

表の横幅が用紙1枚に収まるように、印刷の向きを「横」に変えました。また、資料タイトルやページ番号を印刷し、表の見出しを2ページ目以降にも印刷して何のデータかひと目でわかるようにします。

## 印刷関連機能①　印刷画面

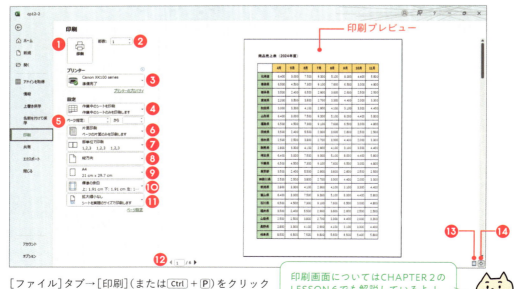

［ファイル］タブ→［印刷］（または Ctrl ＋ P ）をクリックして表示された印刷画面で設定します。

> 印刷画面についてはCHAPTER 2のLESSON 6でも解説しているよ！

296

## 印刷関連機能② ［ページレイアウト］タブの［ページ設定］グループ

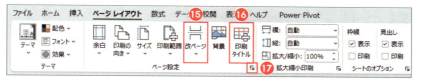

［ページレイアウト］タブのボタンからも印刷の設定ができます。

## 印刷関連機能③ ［ページ設定］ダイアログボックス

［ページ設定］ダイアログボックスからは、ヘッダーやフッターに表示する内容など、印刷のさまざまな設定ができます。

❶ 印刷
印刷を実行します。

❷ 部数
印刷する部数を指定します。

❸ プリンター
印刷するプリンターを選択します。

❹ 印刷対象（300ページ）
印刷する対象を選択します。

❺ ページ指定（301ページ）
印刷するページを指定します。

❻ 印刷面
［片面印刷］／［両面印刷］を選択します。

❼ 印刷単位
［部単位］／［ページ単位］を選択します。

❽ 印刷方向（298ページ）
用紙の向き（［縦方向］／［横方向］）を選択します。

❾ 用紙サイズ（299ページ）
印刷する用紙のサイズを選択します。

❿ 余白（303ページ）
余白サイズを選択または数値を指定します。

⓫ 拡大・縮小の設定（304〜305ページ）
拡大・縮小設定を選択または数値を指定します。

⓬ ページ数
プレビュー表示中のページ番号／全体のページ数です。

⓭ 余白の表示（303ページ）
余白ラインの表示／非表示を切り替えます。

⓮ ページに合わせる
印刷プレビューの全体表示です。

⓯ 改ページ（306ページ）
印刷するページの区切り位置を調整します。

⓰ 印刷タイトル（309ページ）
表の見出しをすべてのページに印刷します。

⓱ ［ページ設定］ダイアログボックス起動ボタン

⓲ ヘッダー／フッター（311ページ〜）
ページの上部（下部）に日付やページ番号などを印刷します。

CHAPTER 12
LESSON 2

＼データの大きさやレイアウトに合わせて変えよう／

# 用紙のサイズや向きを変える

https://dekiru.net/ykex24_1202

#MOS　#用紙の向き　#用紙サイズ

一般的に資料は「A4サイズの縦向き」で作られることが多く、Excelでも初期設定はそのように設定されています。印刷する表の大きさによって縦向きでは収まらない場合や、用紙のサイズをA4以外に変えたい場合は設定を変更します。

## 知りたい！ 用紙サイズや向きを変えるとどうなる？

これを……　　　　　　　　　　　　　こうする

用紙の向きが縦方向だと、表の列が1枚に収まらず複数ページで印刷されます。

用紙の向きを横方向に変えると、すべての列が1枚に収まり見やすくなります。

表のレイアウトによっては、用紙の向きを変えてみるといいね♪

12-02.xlsx

## [1] 用紙の向きを変える

用紙の向きを変えると横幅が1枚に収まる場合は、向きを変更しましょう。ここでは用紙の向きを［縦方向］から［横方向］に変更します。

### ⇒ ［用紙の向き］を変更する

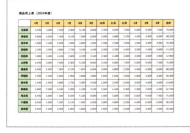

❶印刷画面を表示し、

❷用紙の向きをクリックして、［横方向］にします。

縦方向
横方向 ❷

298

## できた！→ 用紙の向きが変わった

用紙の向きが横向きに変わり、すべての列が1枚に収まりました。

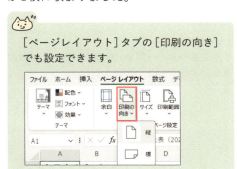

［ページレイアウト］タブの［印刷の向き］でも設定できます。

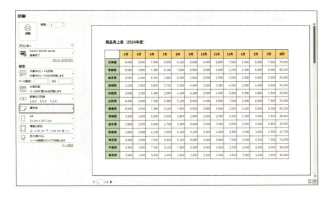

## [2] 用紙のサイズを変更する

印刷する用紙のサイズは［用紙のサイズ］から変更できます。ここではA4サイズからB5サイズに変更します。

### → ［用紙のサイズ］を変更する

❶ 印刷画面を表示し、
❷ ［用紙のサイズ］をクリックし、
❸ ［B5］をクリックします。

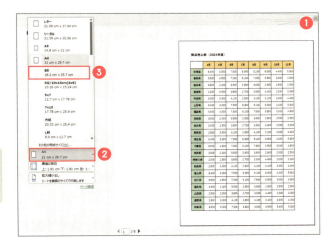

［用紙のサイズ］から選択できるサイズはプリンターによって変わります。

## できた！→ 用紙のサイズが変わった

用紙のサイズがB5に変わりました。用紙が小さくなった分、1枚に印刷される範囲が少なくなりました。

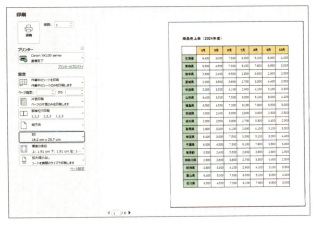

印刷イメージの確認や印刷の設定を変更すると、編集画面にグレーの点線が表示されます。これは、印刷範囲を表すガイド線で、印刷はされません。

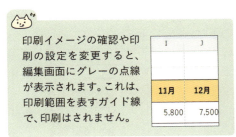

CHAPTER 12
LESSON 3

＼必要なところだけ印刷できます／

# 選択した範囲だけ印刷する

https://dekiru.net/
ykex24_1203

#MOS　#印刷範囲　#選択した部分を印刷

通常の印刷では、作業（選択）しているシート全体が印刷対象となります。「データの一部分だけ印刷したい」「複数のシートをまとめて印刷したい」といった場合は、印刷対象を変更できます。

知りたい！

## 選択した部分のみ印刷したい

### 選択した部分だけ印刷する

選択した範囲のみ、印刷できます。

印刷用にデータを作り直さなくていいんだね♪

12-03.xlsx

## [1] 選択した範囲のみ印刷する

印刷したい範囲を選択しておくことで、その部分のみ印刷できます。ここでは不要な「昨年販売数（参考）」の表が印刷されないようにします。

### ➡ 印刷したい範囲を選択し、印刷対象を［選択した部分を印刷］にする

❶印刷する範囲（ここではセルA1からセルE7）を選択します。

❷印刷画面を表示し、
❸［作業中のシートを印刷］から［選択した部分を印刷］を選択します。

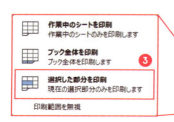
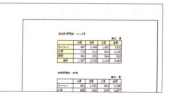

300

LESSON 3　選択した範囲だけ印刷する

## できた！ 選択した部分が印刷対象になった

選択した範囲のみ、印刷プレビューに表示されました。確認したら［印刷］をクリックして印刷しましょう。

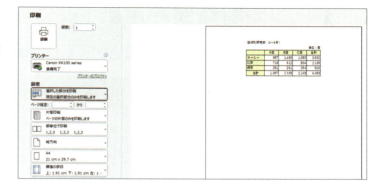

毎回同じ範囲を印刷する場合は、印刷範囲を記憶させられます。印刷する範囲を選択し、［ページレイアウト］タブ→［印刷範囲］→［印刷範囲の設定］❶をクリックします。また、印刷範囲を解除する場合は［印刷範囲のクリア］❷をクリックします。

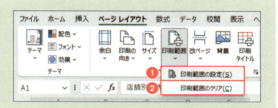

### 実務で使える便利技♬
## 印刷するページやシートを指定する

印刷されるページが複数ある場合や、複数のシートを印刷する場合は、ページやシートを指定することができます。印刷するページを指定する場合は印刷画面で［ページ指定］にページ数を入力することで、指定したページのみ印刷できます❶。

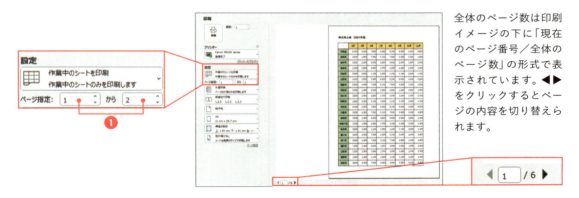

全体のページ数は印刷イメージの下に「現在のページ番号／全体のページ数」の形式で表示されています。◀▶をクリックするとページの内容を切り替えられます。

複数のシートがある場合、［作業中のシートを印刷］❷の場合は現在選択中のシートが印刷されます。あらかじめ印刷したい複数のシート見出しを選択しておけば、それらのシートが印刷されます。［ブック全体を印刷］❸だと、選択したシートにかかわらずすべてのシートが印刷されます。

301

CHAPTER 12
LESSON 4

＼ 少しのはみだしは余白の設定や縮小をしよう ／

# 印刷範囲を用紙1枚に収める

https://dekiru.net/ykex24_1204

#MOS　#余白の表示　#拡大・縮小

印刷イメージを確認すると何行（何列）か次のページにはみだしている……という場合は、余白を調整したり、縮小したりして1枚に収めることができます。横方向だけ、または縦方向だけ1ページに収めることもできるので、はみだした大きさによって適した方法が選べます。

## 知りたい！ 1ページに収める方法

### 余白を調整する

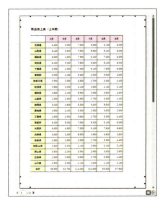

少しのはみだしであれば、用紙の余白を少なくすることで印刷範囲が広がり1ページに収まります。

余白を調整してはみだした右端の1列を入れ込みます。

### 拡大・縮小の設定をする

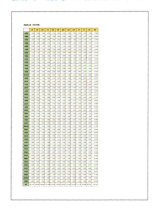
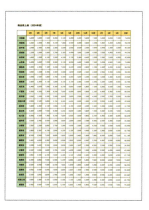
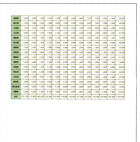

表全体が用紙1枚に収まるように縮小して印刷します。

表の横幅（列全体）が用紙の幅に収まるように印刷します。

横幅が少しはみ出す場合には、横幅のみ1ページに収まるように縮小するのがおすすめ。

302

LESSON 4　印刷範囲を用紙1枚に収める

12-04_1.xlsx

## [1] 用紙の余白を調整する

余白（用紙の上下左右の印刷されないエリア）を小さくすると、印刷できる部分が大きくなります。用紙から少しだけはみだす場合は、余白を小さくしてみましょう。

### ⇒ 印刷イメージを確認する

❶［印刷］画面を表示し、印刷イメージを確認します。

◀▶をクリックしてページを切り替えて確認しましょう。

### ⇒ ［余白の表示］をクリックして、余白のラインを表示する

❷［余白の表示］をクリックすると、

❸ 余白を表すラインが表示されます。

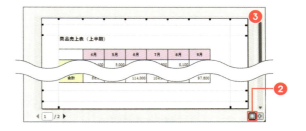

### ⇒ 余白のラインをドラッグして余白の大きさを調節する

❹ ラインを右方向にドラッグして、余白の大きさを調節します。

### ⇒ はみだした列がページに収まった

はみだした右端の列が1ページに収まりました。

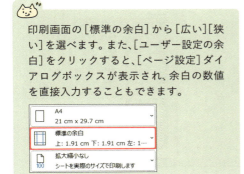
印刷画面の［標準の余白］から［広い］［狭い］を選べます。また、［ユーザー設定の余白］をクリックすると、［ページ設定］ダイアログボックスが表示され、余白の数値を直接入力することもできます。

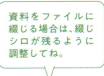
資料をファイルに綴じる場合は、綴じシロが残るように調整してね。

303

12-04_2.xlsx

# [2] 横幅が1枚に収まるように調整する

前ページで説明した余白の調整の場合は手動で行う必要がありますが、表全体を用紙1枚に収めたり、表の横幅が用紙に収まるサイズに調整したりする機能もあります。細かい操作をせずサッと印刷したい場合はこれらの機能を使うと便利です。

## ⇒ 印刷イメージを確認する

❶[印刷]画面を表示し、印刷イメージを確認します。

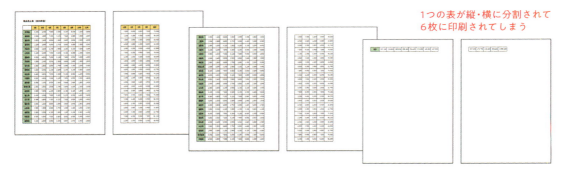

1つの表が縦・横に分割されて6枚に印刷されてしまう

## ⇒ [拡大縮小なし]から縮小の方法を選ぶ

❷[拡大縮小なし]をクリックして、
❸[すべての列を1ページに印刷]をクリックします。

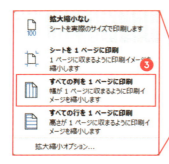
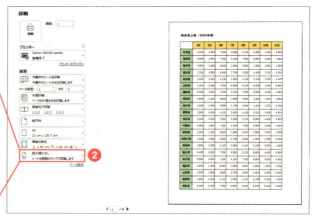

## ⇒ 横幅が1枚に収まるように縮小された

横幅が用紙1枚に収まるように縮小され、縦は横幅に合わせる形で縮小されます。

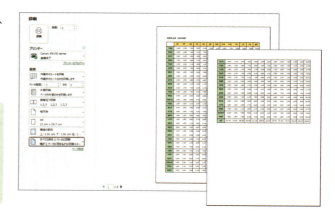

> 表全体を用紙1枚に収めたい場合は、手順❸で[シートを1ページに印刷]を選択します。また、横方向に大きい表などで、行を1ページに収めたい場合は[すべての行を1ページに印刷]を選択します。

304

LESSON 4　印刷範囲を用紙1枚に収める

\ 実務で使える便利技♬ /
## 拡大・縮小率やページ数を指定する

前ページの手順❸で［拡大縮小オプション］をクリックすると、［ページ設定］ダイアログボックスが表示され、［拡大／縮小］に直接数値を入力できます。また、［次のページ数に合わせて印刷］にチェックを入れて、印刷するページ数を指定することもできます。

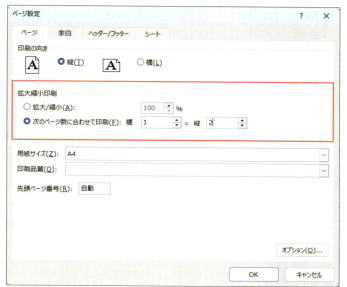

拡大・縮小率を％で指定することや、縦×横の印刷ページ数を指定できる

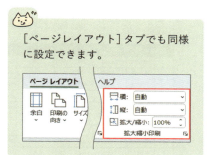

［ページレイアウト］タブでも同様に設定できます。

12　思い通りに印刷しよう

\ 実務で使える便利技♬ /
## 用紙の中央に印刷する

［印刷］画面で［ページ設定］をクリックし❶、［ページ設定］ダイアログボックスの［余白］❷から［ページ中央］の［水平］にチェックを入れると❸、用紙の横幅に対して中央に印刷できます（［垂直］は用紙の縦幅に対して中央に印刷します）。

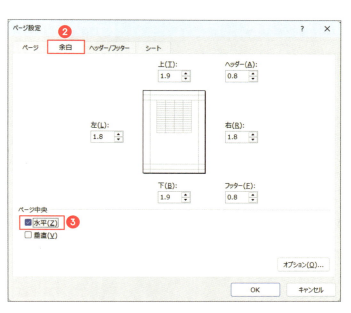

305

CHAPTER 12
LESSON 5

＼改ページ位置を変えられます／
# ページの区切りを調整する

#MOS　#改ページプレビュー

印刷が2ページ以上にわたる場合、ページを区切る位置を調整できます。キリのよい番号や月などで区切ることで資料が見やすくなります。また、1ページに収める範囲を広げることで、ページに収まるように縮小印刷もできます。

## 知りたい！

### 改ページの位置を調整する

#### 改ページプレビューの見方

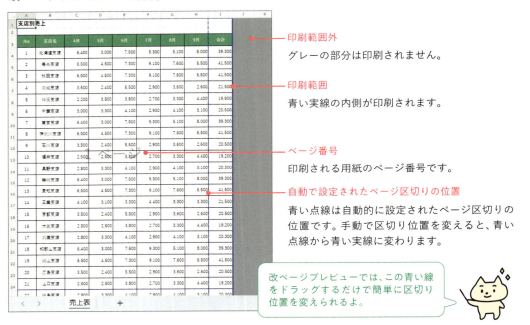

- **印刷範囲外** — グレーの部分は印刷されません。
- **印刷範囲** — 青い実線の内側が印刷されます。
- **ページ番号** — 印刷される用紙のページ番号です。
- **自動で設定されたページ区切りの位置** — 青い点線は自動的に設定されたページ区切りの位置です。手動で区切り位置を変えると、青い点線から青い実線に変わります。

> 改ページプレビューでは、この青い線をドラッグするだけで簡単に区切り位置を変えられるよ。

---

12-05.xlsx

## [1] 改ページの位置を調整する

改ページプレビューにすると印刷の区切り位置がラインで確認できます。ラインをドラッグすることで位置が変えられます。ここでは横方向に収まらなかった列を1ページに収め、縦方向はキリのよいNoの位置でページが区切られるように調整します。

➡ [改ページプレビュー]に切り替える

❶ [表示]タブをクリックし、
❷ [改ページプレビュー]をクリックします。

306

**改ページの位置を変えて、横幅を1ページに収める**

❸ 青い点線（縦線）を右方向にドラッグし、
❹ すべての列が1ページに収まるようにします。

> 🐱 印刷画面を表示して確認してみましょう。横幅が1ページに収まるように全体が縮小されています。

 **改ページの位置を変えて、区切りのよい位置でページを分ける**

❺ 青い点線（横線）を上方向にドラッグし、

❻ 1ページ目がNo20まで収まるようにします。

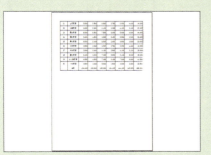

> 🐱 ［印刷］画面を表示して確認してみましょう。青い線をドラッグした位置でページが切り替わっています。

> 🐱 改ページの設定が終わったら、［表示］タブから［標準］に戻しましょう。

## 改ページの挿入と削除の仕方

改ページの位置は追加できます。Noの11からページを区切りたい場合、区切りたい位置のセル（ここではセルA14）を選択し❶、右クリックして［改ページの挿入］をクリックすると❷、改ページが追加されます❸。

また、改ページを削除したい場合は、削除したい改ページ位置の下のセルをクリックし❹、［改ページの解除］をクリックします❺。［すべての改ページを解除］を選ぶと❻、設定したすべての改ページが削除されます。

# CHAPTER 12 / LESSON 6

＼何の資料かすぐわかる！／

## 表の見出しをすべてのページに印刷する

https://dekiru.net/ykex24_1206

#MOS　#見出し行の固定　#タイトル行

表の印刷が複数にわたる場合、2ページ目以降には表の見出しがないので何のデータかわかりづらく、印刷資料としては不十分です。すべてのページの先頭に表の見出しを表示することで、見やすい資料になります。

### 知りたい！

### 表の見出しを2ページ以降にも表示する

**2ページ目以降にも表の見出しを表示する**

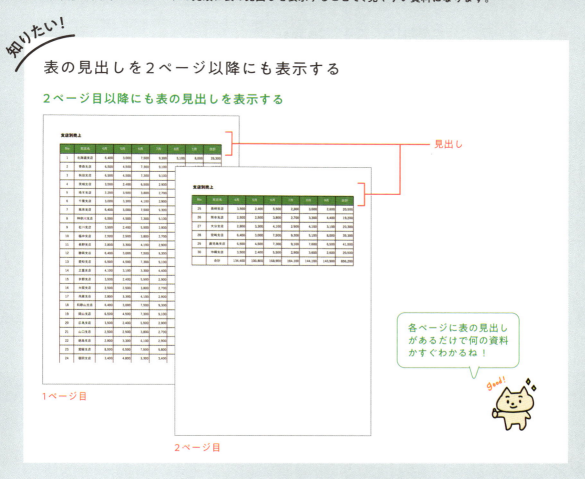

1ページ目

2ページ目

各ページに表の見出しがあるだけで何の資料かすぐわかるね！

12-06.xlsx

## ［1］印刷タイトルを設定する

印刷タイトルの設定で、すべてのページに表の見出しが表示されるようにします。

⇒ ［ページレイアウト］から［印刷タイトル］をクリックする

❶ ［ページレイアウト］タブをクリックし、
❷ ［印刷タイトル］をクリックします。

次ページへ続く

### ➡ すべてのページに表示させる行を指定する

❸ [ページ設定]ダイアログボックスの[シート]タブが開くので、[タイトル行]をクリックし、

❹ すべてのページに表示させたい行の行番号(ここでは3行目)をクリックすると、

❺ [タイトル行]に行の範囲(ここでは「$3:$3」)が表示されるので、

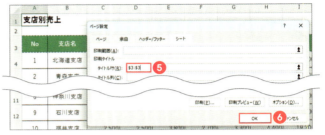

❻ [OK]ボタンをクリックします。

### ➡ タイトル行の設定ができた

タイトル行が設定できたので、印刷プレビューで確認してみましょう。

タイトル行に複数の行を指定することもできます。たとえば手順❹で1~3行を指定($1:$3)すると、「支店別売上」を含めた部分を各ページに印刷できます。

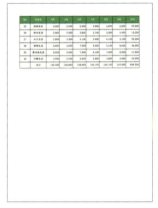

### 💡 もっと知りたい！

## [タイトル列]を指定するとどうなる？

[ページ設定]ダイアログボックスの[シート]では、[タイトル行]のほかに[タイトル列]も設定できます。タイトル列を設定すると、指定した列を各ページに表示できます。たとえば下の例で[タイトル行]に1~3行目、[タイトル列]にA~Bを設定すると以下のように印刷されます。横に長い表で列を見出しのようにしたい場合に便利です。

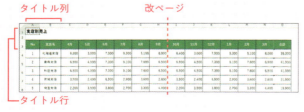

CHAPTER 12
LESSON 7

＼余白部分に資料の情報を表示します／
# ページ番号やタイトルを印刷する

https://dekiru.net/ykex24_1207

#MOS　#ヘッダー　#フッター

上下の余白部分に、資料のタイトルや日付、ページ番号など資料の情報を表示できます。上の余白部分を「ヘッダー」、下の余白部分を「フッター」といい、文字を入力するほか、日付やページ番号は選ぶだけで表示できます。

知りたい！

## ヘッダーとフッターの活用

見出しとは別に全ページに共通した情報を表示できる

ヘッダー（上の余白部分）

フッター（下の余白部分）

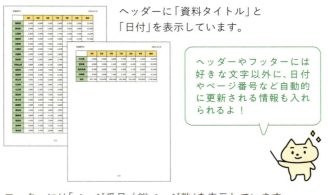

ヘッダーに「資料タイトル」と「日付」を表示しています。

ヘッダーやフッターには好きな文字以外に、日付やページ番号など自動的に更新される情報も入れられるよ！

フッターには「ページ番号 / 総ページ数」を表示しています。ページごとに自動的にナンバリングされます。

| 1/3 | 2/3 | 3/3 |

12-07.xlsx

## [1] ヘッダーに「今日の日付」を表示する

ヘッダーに日付を表示します。ここではヘッダーの右エリアに「今日の日付」を自動で表示させます。

### ➡ [表示]タブで[ページレイアウト]に切り替える

❶[表示]タブをクリックし、
❷[ページレイアウト]をクリックすると、ページレイアウトビューに表示が切り替わります。

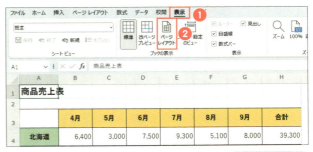

ページレイアウトビューとは、ヘッダーやフッターの設定、改ページの確認などをシート上で行える表示のことです。

次ページへ続く　311

⇨ **ヘッダーの右エリアをクリックし、[現在の日付]をクリックする**

❸ ヘッダーの右エリアをクリックします。

❹ [ヘッダーとフッター]タブから[現在の日付]をクリックすると、

❺ 「&[日付]」が挿入されます。

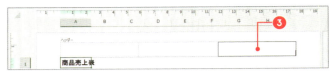

> 🐱 「&[日付]」というのは、今日の日付を自動で挿入する命令文です。

⇨ **今日の日付が表示された**

入力エリア以外をクリックすると、今日の日付が表示されます。

> 🐱 「&[日付]」の場合、資料の印刷日に自動更新されます。もし会議日など特定の日付を表示させたい場合は、手順❹で直接日付を入力します。

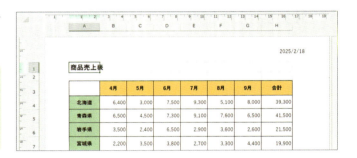

## [2] ヘッダーに文字を入力する

続けてヘッダーに文字を入力します。ここではヘッダーの左エリアに「会議資料1」と表示します。

⇨ **ヘッダーの左エリアに直接入力する**

❶ ヘッダーの左エリアをクリックし、

❷ 「会議資料1」と入力します。

⇨ **資料タイトルが表示された**

入力エリア以外をクリックして、入力を確定します。

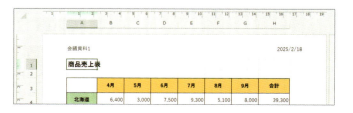

## [3] フッターにページ番号を表示する

続けてフッターにページ番号を表示します。ここではフッターの中央エリアに「ページ番号/総ページ数」の形で表示します。

### ⇨ フッターの中央エリアをクリックし、[ページ番号]をクリックする

❶ フッターの中央エリアをクリックし、

> フッターが表示されていない場合は画面をスクロールしてください。

❷ [ヘッダーとフッター]タブの[ページ番号]をクリックすると、

❸ 「&[ページ番号]」が挿入されます。

> 「&[ページ番号]」というのは、現在のページ番号を自動で挿入する命令文です。ページ番号の表示だけならこれで終了です。

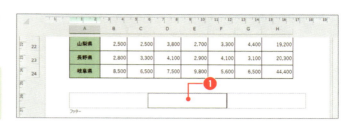

### ⇨ 「/」を入力し、[ページ数]をクリックする

❹ 続けて「/」を入力し、

❺ [ヘッダーとフッター]タブの[ページ数]をクリックすると、

❻ 「&[総ページ数]」が挿入されます。

> これで、ページ番号/総ページ数の形になります。

### ⇨ 「ページ番号/総ページ数」が表示された

入力エリア以外をクリックして、入力を確定します。
ヘッダー、フッターの編集が終わったら、[表示]タブで[標準]に戻しましょう。

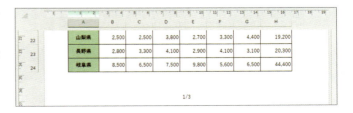

## ヘッダー、フッターの設定方法

ヘッダー、フッターは、[ページ設定] ダイアログボックス（297ページ）の [ヘッダー/フッター] からも同様に設定できます。また、[挿入] タブの [ヘッダーとフッター] をクリックすると、[ページレイアウトビュー] に切り替わり、[ヘッダーとフッター] の編集モードになります。

### [ページ設定] ダイアログボックスの [ヘッダー/フッター]

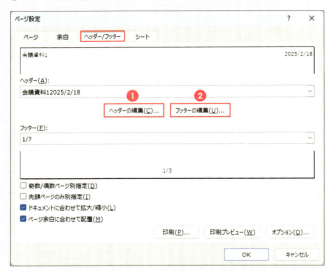

[ヘッダーの編集] ボタン❶をクリックすると [ヘッダー] ダイアログボックス、[フッターの編集] ボタン❷をクリックすると [フッター] ダイアログボックスが表示されます。

### [ヘッダー] ダイアログボックス

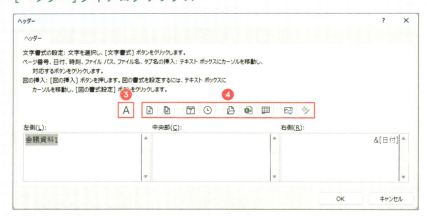

[ヘッダー]（[フッター]）ダイアログボックスでは、左側、中央部、右側それぞれの入力欄に表示したい情報を入力します。また、❸のボタンから文字の書式を設定できます。❹のボタンは、リボンの [ヘッダーとフッター] タブの [ヘッダー/フッター要素] グループのボタン❺と同じ機能です。

自分の使いやすい方法で設定してね。

# Excel必須ショートカットキー

Excelでよく使う操作は、ショートカットキーを使うだけで簡単に実行できます。操作がはかどり、時間や労力が減るだけでなく、正確さもアップするのでぜひ使ってみてください。

● 編集の操作

| キー | 機能 |
| --- | --- |
| Ctrl + C | コピー |
| Ctrl + X | 切り取り |
| Ctrl + V | 貼り付け |
| Ctrl + Z | 元に戻す |
| Ctrl + Y | やり直す |
| F2 | セルの編集 |
| F4 | 直前の操作の繰り返し |
| Alt + Enter | セル内で改行 |
| Esc | 操作のキャンセル |
| Ctrl + E | フラッシュフィル |
| Ctrl + F | 検索 |
| Ctrl + H | 置換 |
| 半角/全角 | 入力モードの切り替え |

● 移動の操作

| キー | 機能 |
| --- | --- |
| Enter | 下のセルへ移動 |
| Shift + Enter | 上のセルへ移動 |
| Tab | 右のセルへ移動 |
| Shift + Tab | 左のセルへ移動 |
| Ctrl + Home | セルA1に移動 |
| Ctrl + End | 入力データの最後尾に移動 |
| ↑↓←→ | 1行または1列ずつ移動 |
| page up / page down | 1画面ずつ上／下に移動 |
| Ctrl + ↑↓←→ | 表内で選択セルから矢印方向の先頭・末尾セルに移動 |
| Ctrl + G | ［ジャンプ］ダイアログボックスの表示 |

● 選択の操作

| キー | 機能 |
| --- | --- |
| Ctrl + A | （表内をクリックして）表全体を選択 |
| Ctrl + A | ワークシート全体を選択 |
| Ctrl + Shift + ↑↓←→ | 表内で選択セルから矢印方向のセル範囲を選択 |

● 保存の操作

| キー | 機能 |
| --- | --- |
| F12 | ［名前を付けて保存］ダイアログボックスを表示する |
| Ctrl + S | 上書き保存する |

● 行列とセルの操作

| キー | 機能 |
| --- | --- |
| Ctrl + + | （行番号を選択した状態で）行の挿入<br>（列番号を選択した状態で）列の挿入 |
| Ctrl + − | （行番号を選択した状態で）行の削除<br>（列番号を選択した状態で）列の削除 |
| Ctrl + + | （セルを選択した状態で）セルの追加 |
| Ctrl + − | （セルを選択した状態で）セルの削除 |

●書式の操作

| キー | 機能 |
| --- | --- |
| Ctrl + 1 | ［セルの書式設定］ダイアログボックスの表示 |
| Ctrl + B | 太字 |
| Ctrl + U | 下線 |
| Ctrl + I | 斜体 |

●起動と終了、ファイルの操作

| キー | 機能 |
| --- | --- |
| Ctrl + O | スタート画面の表示 |
| Ctrl + F12 | ［ファイルを開く］ダイアログボックスの表示 |
| Ctrl + N | 新規ブック |
| Alt + F4 | Excelの終了 |

●そのほかの操作

| キー | 機能 |
| --- | --- |
| Ctrl + T | テーブルに変換 |
| Ctrl + P | 印刷画面の表示 |
| Ctrl + ; | 今日の日付の入力 |
| Tab | 次の入力欄に移動 |
| Alt + ↓ | プルダウンリストを開く |
| Ctrl + Shift + @ | 数式を表示 |

●画面の操作

| キー | 機能 |
| --- | --- |
| ⊞ + D | デスクトップの表示 |
| ⊞ + ←→ | 画面の2分割（←で画面の左半分、→で画面の右半分に表示） |

# 索引

## 記号

| | |
|---|---|
| , | 147 |
| : | 147 |
| # | 135 |
| % | 70 |
| = | 147, 155, 158 |
| $ | 152, 154 |
| ¥ | 55 |

## アルファベット

| | |
|---|---|
| AND | 183 |
| AVERAGE | 166 |
| COUNT | 172 |
| COUNTA | 199 |
| COUNTBLANK | 201 |
| COUNTIF | 203 |
| [Excelのオプション]ダイアログボックス | 19, 23 |
| IF | 176, 180 |
| MAX | 168 |
| MIN | 170 |
| OR | 183 |
| PHONETIC | 196 |
| SUM | 164 |
| VLOOKUP | 190 |

## あ

| | |
|---|---|
| アイコンセット | 226 |
| 値のコピー | 95 |
| 移動 | 91, 92, 281, 282 |
| 入れ子 | 180 |
| 印刷 | 57, 296, 298, 300, 302 |
| 印刷タイトル | 309 |
| インデント | 133 |
| ウィンドウを切り替える | 25 |
| ウィンドウ枠の固定 | 288 |
| 上書き保存 | 40 |
| エラー | 194 |
| 円グラフ | 268 |
| 演算子 | 48 |
| オートSUM | 51 |
| オートフィル | 50, 83 |
| オートフィルオプション | 89 |
| 折り返して全体を表示 | 128 |
| 折れ線グラフ | 264 |

## か

| | |
|---|---|
| 改行 | 128 |
| 改ページプレビュー | 306 |
| 拡大 | 33 |
| カラースケール | 226 |
| 関数 | 155, 160 |
| [関数の挿入]ダイアログボックス | 157, 159 |
| [関数の引数]ダイアログボックス | 157 |
| 起動 | 17 |
| 行/列の入れ替え | 98 |
| 行の高さ | 138 |
| 空白 | 179 |
| 空白のブック | 24 |
| 串刺し計算 | 148, 286 |
| 組み合わせグラフ | 267 |
| グラフタイトル | 249 |
| グラフの種類 | 254 |
| グラフのデザイン | 261 |
| グラフフィルター | 252, 255 |
| グラフ要素 | 256 |
| 形式を選択して貼り付け | 97 |
| 罫線 | 56, 140, 142, 143 |
| 桁区切りスタイル | 55, 69 |
| 結合(データ) | 102 |
| 結合(セル) | 125 |
| 検索 | 219 |
| 合計 | 51, 164 |
| コピー | 50, 92, 95, 96, 97, 98, 281, 282 |

## さ

| | |
|---|---|
| 最小値 | 170 |
| 最大値 | 168 |
| 再表示 | 139 |
| 削除 | 116 |
| シート | 27, 274 |
| シート見出し | 275 |
| 時刻 | 66, 67 |
| 字下げ | 133 |
| 集計行 | 236 |
| 終了 | 19 |
| 縮小 | 33 |
| 縮小して全体を表示 | 130 |
| 書式 | 120 |
| 条件付き書式 | 222 |

| | | | |
|---|---|---|---|
| 小数点 | 70 | 日付 | 45, 61, 62 |
| 書式のコピー | 96 | 非表示 | 138, 279 |
| [書式設定]作業ウィンドウ | 260 | 表示形式 | 60, 65, 73 |
| シリアル値 | 67 | 開く | 21 |
| 数式バー | 26, 49 | フィルター | 212, 213, 214 |
| 数値 | 46, 68 | フィルハンドル | 50, 84 |
| ズーム | 27 | フォント | 121 |
| スクロール | 27, 32 | 複合グラフ | 267 |
| 整列 | 290 | ブック | 274 |
| 絶対参照 | 152, 153, 154 | フッター | 313, 314 |
| セル参照 | 146, 148 | 太字 | 53, 122 |
| セルの強調表示ルール | 227 | フラッシュフィル | 99, 101 |
| セルの結合 | 125, 126 | ふりがな | 132, 196, 198 |
| [セルの書式設定]ダイアログボックス | 134 | プルダウンリスト | 104 |
| 選択 | 78, 79, 80, 82 | 分割 | 100 |
| 相対参照 | 152 | 平均値 | 166 |
| 挿入 | 115, 117 | ヘッダー | 311, 314 |
| | | 編集モード | 47 |
| | | 棒グラフ | 246 |

## た

| | |
|---|---|
| 縦書き | 131 |
| 置換 | 220 |
| 抽出 | 212 |
| 通貨表示形式 | 55, 69 |
| [データの入力規則]ダイアログボックス | 105 |
| テーブル | 230, 236, 238 |
| テーブルスタイル | 232, 235 |
| 電話番号 | 72 |
| トップテン | 217 |

## ま

| | |
|---|---|
| 文字サイズ | 53, 120 |
| 文字の色 | 123 |
| 文字の配置 | 127 |
| 文字列 | 43 |

## な

| | |
|---|---|
| 名前ボックス | 26 |
| 名前を付けて保存 | 39 |
| 並べ替え | 206, 208, 210, 211 |
| 入力 | 77, 78 |
| 塗りつぶしの色 | 54, 122 |
| ネスト | 180 |

## や

| | |
|---|---|
| ユーザー設定リスト | 88 |
| ユーザー定義の表示形式 | 72 |
| 郵便番号 | 72 |
| 用紙のサイズ | 299 |
| 用紙の向き | 298 |
| 曜日 | 64 |
| 横方向に結合 | 126 |

## ら

| | |
|---|---|
| リボン | 26, 28 |
| 列の幅 | 136 |
| 列幅のコピー | 97 |
| 連続データ | 85, 86, 87, 88 |
| ロック | 292 |

## は

| | |
|---|---|
| パーセントスタイル | 70 |
| 配置 | 54, 120, 124 |
| 貼り付け | 92, 95, 96, 97, 98 |
| 貼り付けのオプション | 97 |
| 比較演算子 | 179 |
| 引数 | 155 |

## わ

| | |
|---|---|
| 和暦 | 63 |

■著者
上野景子（うえの けいこ）

小中学校ICTサポータとして10年間従事。授業支援のほか、教員向けに校務を円滑にするためのOffice講座や授業でデジタル教材を活用するためのスキルアップ研修を開催。現在は複数の専門学校で非常勤講師として、学科ごとに合わせた「就職後に活用できる技術」を身につける授業を行う。2022年4月、もっとたくさんの人にパソコンスキルアップの楽しさを伝えたいとYouTubeチャンネル「ゼロからパソコン」を開始。2025年3月現在登録者数20万人。まったくパソコンを触ったことがない人でも「わかる・できる・楽しい」をテーマにOfficeとパソコン基礎知識、仕事で使える便利ワザを中心に配信中。

ゼロからパソコン
HP：https://zero-pc-k.com/
YouTube：https://www.youtube.com/@zero-pc

■STAFF

| | |
|---|---|
| カバー・本文デザイン | 木村由紀（MdN Design） |
| カバーイラスト | fancom |
| 校正 | 株式会社トップスタジオ |
| 制作担当デスク | 柏倉真理子 |
| DTP | 町田有美 |
| デザイン制作室 | 今津幸弘 |
| 編集協力 | 吉田真奈 |
| 副編集長 | 田淵 豪 |
| 編集長 | 柳沼俊宏 |

本書のご感想をぜひお寄せください
https://book.impress.co.jp/books/1124101087

読者登録サービス CLUB Impress

アンケート回答者の中から、抽選で図書カード（1,000円分）などを毎月プレゼント。
当選者の発表は賞品の発送をもって代えさせていただきます。
※プレゼントの賞品は変更になる場合があります。

■商品に関する問い合わせ先

このたびは弊社商品をご購入いただきありがとうございます。本書の内容などに関するお問い合わせは、下記のURLまたは二次元バーコードにある問い合わせフォームからお送りください。

https://book.impress.co.jp/info/

上記フォームがご利用いただけない場合のメールでの問い合わせ先
info@impress.co.jp

※お問い合わせの際は、書名、ISBN、お名前、お電話番号、メールアドレス に加えて、「該当するページ」と「具体的なご質問内容」「お使いの動作環境」を必ずご明記ください。なお、本書の範囲を超えるご質問にはお答えできないのでご了承ください。

- 電話やFAXでのご質問には対応しておりません。また、封書でのお問い合わせは回答までに日数をいただく場合があります。あらかじめご了承ください。
- インプレスブックスの本書情報ページ https://book.impress.co.jp/books/1124101087 では、本書のサポート情報や正誤表・訂正情報などを提供しています。あわせてご確認ください。
- 本書の奥付に記載されている初版発行日から3年が経過した場合、もしくは本書で紹介している製品やサービスについて提供会社によるサポートが終了した場合はご質問にお答えできない場合があります。

■落丁・乱丁本などの問い合わせ先
FAX 03-6837-5023
service@impress.co.jp
※古書店で購入された商品はお取り替えできません。

実務も資格もぜんぶやりたい！
# Excel よくばり入門
Excel 2024 / 2021 & Microsoft 365 対応（できるよくばり入門）

2025年4月21日　初版発行

著　者　上野景子
発行人　高橋隆志
編集人　藤井貴志
発行所　株式会社インプレス
　　　　〒101-0051　東京都千代田区神田神保町一丁目105番地
　　　　ホームページ　https://book.impress.co.jp/

印刷所　シナノ書籍印刷株式会社

本書は著作権法上の保護を受けています。本書の一部あるいは全部について（ソフトウェア及びプログラムを含む）、株式会社インプレスから文書による許諾を得ずに、いかなる方法においても無断で複写、複製することは禁じられています。

Copyright © 2025 Keiko Ueno. All rights reserved.

ISBN978-4-295-02153-7 C3055

Printed in Japan